和食之魂

［日］村田吉弘 著
冯元 译

華中科技大学出版社
http://www.hustp.com
中国·武汉

目录

序言

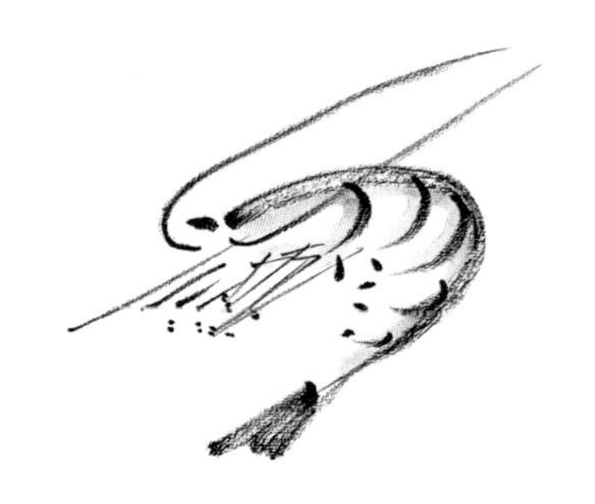

从我出生到现在不过六十多年，在漫长的日本历史长河中，这只不过是一瞬间。然而，在这段短暂的岁月里，日本经济高速发展，人们的饮食生活亦发生了戏剧性的变化。我认为这是日本经历过的最大危机。

究竟有多少人会像我一样，至今仍然保持着幼时的饮食习惯呢？自出生以来，我一直在京都生活，也正因为我的家庭从事料理工作，使得我能一直坚持着那样的饮食习惯。而旁人也许会觉得这样的事情是不可思议的，他们甚至会想："现在不会有人那样生活了。"

但是，于我而言，正是身处如今的时代，才更想让世人知道。我不要求人人动手实践，但是我希望大家能够了解日本国民代代相传、盛行至今的一些仪式与活动，饱含日本人自然观、审美意识等的饮食文化，以及"和食"的根源与传承。我抱着这样的心情写了这本书。可以说，这正是我写此书的缘起。

日本料理以“和食”之名，被联合国教科文组织列为非物质文化遗产。毫不夸张地说，这本书中记载的日本普通百姓的日常饮食正是“和食之魂”。这是我想留给后世的重要财产。

和食之魂

红豆饭

京都祇园有一家小糕点店，我与小店老板相识多年，可以说是老交情了。我曾问过他们：“你们店一年中什么时候红豆饭卖得最好呢？”他说是敬老日那天，而且要煮好几吨，这着实令我大吃一惊。但同时，我又不禁感慨：“果然是京都啊。”在敬老日这天，京都的所有町内会[1]都会给社区的老人们分发盛有红豆饭的礼盒。在京都，敬老日不仅是休息日，更是向为社会做出贡献的前辈们表示感谢的日子，也是日本人一直传承下来的美好习俗。

从前，日本人烹饪并食用红豆饭的机会更多，次数更为频繁。在人生的一些转折节点，比如七五三节[2]、十三参[3]、成人节[4]、婚礼以及迎来花甲之年时，人们都会吃红豆饭。而且每逢佳节，红豆饭也是必食之餐。说起佳节，新年自当首选，此外还包括三月、五月份的一些传统节日、地方庙会日等。日本是一个尤为重视人生节点的民族。比如，我们家在春节期间虽然只是与自家人一起庆祝，但是我的爷爷会特意穿着带有花纹的和服，奶奶会穿着留袖[5]。父亲会身穿黑色的双排扣西服，系上银色领带。这些都是为了将特别的日子与平日区别开来，保持心情的凛然，带有肃整心意的用意。而且我认为，人们之所以设立种种节日，将其作为不同于平日的特殊节日，也是为了让生活更有节奏，并且与农耕时节密切联系起来。人们这么做并不是单纯地为了穿戴打扮，而是想通过礼仪、礼节和仪式等肃清心灵，这正是日本人特有的爱好。这样的心意，不正是日本人格外珍视且期盼代代相传的日本文化吗？

红豆饭的历史悠久，早在《枕草子》中便有关于红豆粥的记载。其实，原本从大陆（指东亚大陆的中国、韩国、朝鲜一带，日语中常简称为“大陆”）引进的大米是红米。之后经过改良，人们生产出了口感更好的白米。时至今日，烹饪与食用红米的人已经很少了。日本人是稻作民族，日本的神道原本也基于稻作信仰。人们相信春天到来时，神灵会下山。而到了秋天，神灵就会赐予人类丰收的果实，因此人们纷纷向神灵表示感谢。红色被认为有驱邪之力，所以人们将红米蒸熟，供奉神灵。渐渐地，这样的行为便演变成了一种敬奉神灵的风俗习惯。日本人讲究人神共食，人们也会吃这种蒸红米饭，据说这便是红豆饭的起源。也就是说，起初供奉神灵时是用不太好吃的红米蒸成的红米饭，后来，人们将红豆与白米一起蒸煮，巧妙地利用红豆的颜色将白米饭蒸成了红米饭。因为这样的米饭口味更佳，人们便开始普遍享用起来。而如今用糯米做的“红豆饭”，据说是江户、元禄时期以后的事情了。

另外，京都的商人家庭规定每月一日和十五日都要吃“红豆饭”。像这样每月几日吃什么的规定，就是所谓的“巡回”，意味着每个月都有固定的运转，我认为这是一个极好的传统。首先，从营养方面来说，商人家庭平时的吃穿用度都坚持以朴素为宗旨。在每月一日和十五日会吃红豆饭、白萝卜和胡萝卜。红豆有益健康，因

日本人重视节庆，将节庆日与平日的饮食特意区别开来，专门吃红豆饭庆贺。
从这样的习惯中，也可以窥探出日本人的精神面貌。

红豆饭

为含有维生素B1，所以是那个年代很多脚气病[⑥]患者的福音。此外，即便是穿成串的咸沙丁鱼，只要头尾俱全，也能立马变身成一道喜庆的菜肴。就这样，为了维持身体健康，他们以月为单位，每个月在固定的时间改善膳食，以保证营养均衡。其次，这样的规定帮助主妇们消除了另一个烦恼，由于是固定膳食，她们便无需为菜单烦恼。虽说是主妇，但她们在商人家庭中有着举足轻重的地位。要知道，商人家庭的主妇不只要为家人准备日常饮食，还要打理家庭的商业买卖。我时常感叹，从前的人是何等聪慧！

毫无疑问，"和食"在2013年被联合国教科文组织列为非物质文化遗产时，日本民众举国欢喜。但是，我们却不能一味地欢喜。因为被列为文化遗产，便意味着这些重要的风俗文化正面临着消亡的危险。因此，我们要齐心协力，共同维护和促进它们的传承与发展。和食文化到底是怎样的一种文化呢？它宣传的绝对不是财富、经济

---

①：日本的町内会是管理日本社区事务的权力机构，一般为传统街坊的居民自治组织，类似于中国的居委会。

②：每年的十一月十五日是日本的"七五三节"，这天，三岁、五岁的男孩及三岁、七岁的女孩都会穿上传统和式礼服，跟父母到神社参拜，祈求平安顺遂、健康成长。回家的时候，多半还会到照相馆拍一套全家福留念。

③：日本的一个传统，女孩十三岁的时候举行一次典礼，叫作"十三参"，祈愿平安幸福。

④：每年一月的第二个星期一是日本的"成人节"，是日本国民的一大节日，届时全国放假。这一天，凡满二十岁的男女青年都要身穿节日盛装，到公会堂或区民会馆等处参加各级政府为他们举办的成人仪式和庆祝活动。

⑤：和服的一种，被已婚的平民女性视为最正式的礼服。

⑥：维生素B1缺乏引起的营养失调症之一。

上的富有，而是告诉人们真正的幸福并非来自金钱与物质。我想借这本书重新审视日本民族几千年来传承至今的饮食形式，思考真正的富裕是什么，日本民族的文化、认同感又是什么等问题。

该图为敝店供奉的弁天神。经过时一定要双手合十。正月里有供奉神酒与红豆饭的习俗。

该图为制作红豆饭的红米。由于红色被认为有驱邪之力，人们便把蒸红米供奉给神灵，据说这就是红豆饭的起源。

从前，家里有喜事时便做红豆饭，放进木盒里分发给亲戚和邻居。据说插上南天竹叶作为装饰是因为日语中南天的发音让人想到“转难”，即含有“度过苦难”的寓意。

红豆饭

食材：

糯米 2合[7]（约300克）

煮好的红小豆

- 干燥的红小豆 40克
- 水 700毫升

咸酒水

- 酒 70毫升
- 煮红小豆的水 60毫升
- 盐 5克

做法：

1. 将红豆在适量的水里浸泡一天后，将两者一起放入锅中。大火烧开后适当调小火候。慢火煮30～40分钟后关火。放凉后再将红豆与煮汁分离。
2. 将洗净的糯米和煮汁（要剩余60毫升做咸酒水时用）一起放入容器中，浸泡2小时。
3. 在热气腾腾的蒸锅里铺上蒸布，将沥干的糯米均匀铺在上面，再放上红豆。用大火蒸10～15分钟（为了蒸匀，中途要上下翻一次）。
4. 将步骤3的成品盛入容器中。将加热调好的咸酒水均匀浇入，再搅拌均匀。
5. 将步骤4的成品再次放回蒸锅中，蒸5～10分钟。

---

⑦：容积单位，1合米约为150克，1合酒约为180毫升。

初午

外地人也许不太知道，“初午”，即二月一日，在京都是个极为重要的日子。初午之日，伏见稻荷大社会举行初午大祭，很多人聚集到此参加祭典。据说人们以前拜祭天神是祈求农耕丰收，而如今是祈求家人安全、生意兴隆等，所以稻荷神也被称为万能神。稻荷大社的历史悠久，据说和铜四年（711年）的初午之日，深草的秦氏族人在东山三十六峰的最南端——稻荷山三峰供奉了稻荷神。《枕草子》和《今昔物语》中也描绘了初午那日众人参拜的情形。据描述，当时无论是去位于半山腰的中之社参拜，还是去位于山顶的上之社参拜，都困难重重，非常不容易。初午大祭之日，有些店铺会在商店门口卖伏见人偶，我家夫人每年都会买当年的生肖人偶。它们色彩鲜艳，质朴可爱。说起伏见人偶，当属布袋和尚最有名。在京都，家家都将其按从小到大的顺序排列，作为七福神供奉。此外，还有一种伏见人偶颇受孩子喜欢，叫作“转穗”，有菊花状和柚子状。因为它外形圆圆的像个瘤子，在京都方言中也被称为“瘤子”，其实它是一个糖果盒。在初午大祭当日，孩子们都盼望着大人买回装满糖果的“转穗”。

初午之日有固定的饮食，有稻荷寿司、芥末拌畑菜[①]和粕汁。据说这些都是稻荷大社的使者狐仙爱吃的东西。尤其是那用油炸豆腐皮做的寿司，据说也添加了狐仙爱吃的芥末酱。初午之日还要供奉油炸食物。畑菜和油菜花很像，昭和三十年代［即昭和三十年（1955年）至昭和三十九年（1964年）的整个三十年代］时还被大量种植，现在已经很少了。稻荷寿司的米饭里还加了麻籽、芝麻、柚子皮、胡萝卜和牛蒡。虽说每家每店各有不同，但京都的稻荷寿司经常包有麻籽，总之都会加入一些馅料。京都的料理店很重视香味和食材。我曾在东京吃过一次稻荷寿司，没想到东京的稻荷寿司里竟然只包有做寿司用的醋饭，着实感到意外。我总觉得那样的稻荷寿司缺点什么，于我而言，我还是喜欢包有很多食材的京都稻荷寿司。而它为何是三角形，有多种传说，有人说是模仿狐仙的耳朵形状，也有人说是模仿稻荷山的形状。而东京的稻荷寿司多是俵形。初午之日的饮食从营养学角度看极为丰富，比如粕汁中含有多种驱寒的蔬菜，还有稻荷寿司和芥末拌畑菜等，在以前这些都是较为奢华的料理。旧历[2]的初午正是开始农耕之时，即培土和播种的季节。想必人们于此日享用大餐，正是为了祈求五谷丰登、庆祝初午。

其实，不仅是初午，只要是逢年过节的活动，我们店都很重视。我们还会不定期地让店里的员工参与此类活动，亲身体验传统文化，并且告诉他们这些传统节日的由来与意义。最近，越来越多的家庭不再参与此类活动，导致越来越多的年轻人不了解甚至不知道这些传统节日。这是对日本文化的巨大冲击，可以说是日本文化正在面临的一大危机。在这里，我举一个例子。比如初午时家里要挂上宝珠的挂轴，因为宝珠代表狐狸。在日本文化中，直截了当地表达反

初午的膳食：稻荷寿司、芥末拌畑菜、粕汁。托盘里的器皿有红绘钵、古朴的汤碗等。盛放稻荷寿司的器皿是乐烧③第四代传人——吉左卫门一入制作的四方盘。汤碗/漆器：畠中昭一（一位有名的漆器匠人）制作。

而显得人庸俗不懂世故。所以虽说是初午节，人们也不会直接挂上狐狸的挂轴。其实，引人联想也是一种日本文化，换句话说，是一种无需明讲便能彼此理解、沟通与传达的社会底蕴文化。我认为这不仅需要日常的培养，了解与参与传统的节日活动也很重要。我们店每年节分④后初午前的这段日子，都会做些小一点的稻荷寿司，作为前菜，放在类似绘马匾⑤的杉板上供客人食用。看到这一幕，有的客人会说“都初午了天气还是很冷啊”，有的客人会说“稻荷寿司作为前菜，真的好接地气啊”。说到在传统日料店用餐的乐趣，其一当然是品尝美味佳肴，但最大的乐趣其实是品味日式料理的趣意、韵味和季节性，以及其映射出的料理人的精巧心思和精心设计。

参加节日活动的意识感和季节感是从儿时的日常生活中自然而然地培养出来的。所以我由衷地希望大家能认真地考虑一件事——逢年过节时在家里举办活动。

---

①：畑菜，日本京都特色蔬菜之一，油菜的一种，特点是耐寒冷，叶片大，烹煮后口感柔软，是日本春季的时令蔬菜。

②：即农历、阴历。后文同。

③：“乐烧”是日本安土桃山时代最具代表性的陶艺技术，最初是由千利休定型，京都的陶工长次郎（？～1625年）烧制而成。

④：指立春的前一天。

⑤：为了许愿或还愿而献纳的匾额。

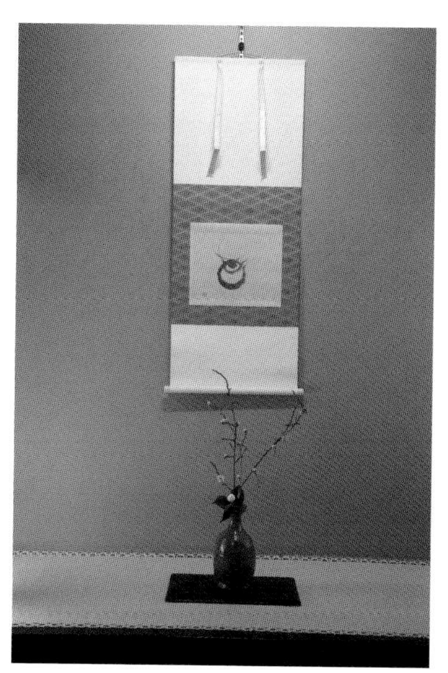

初午日挂着圆山应举[6]画的宝珠的挂轴。朝鲜李朝时期的青瓷花器中插有白玉椿和梅花。

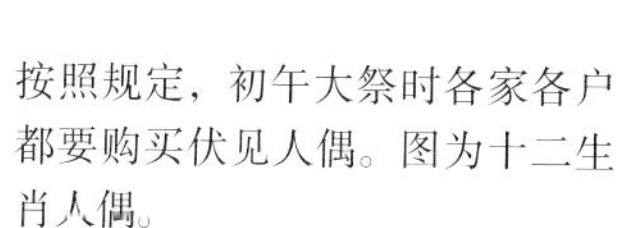

按照规定，初午大祭时各家各户都要购买伏见人偶。图为十二生肖人偶。

稻荷寿司

食材（4人份）

寿司米饭

- 大米 2合（约300克）
- 水 360毫升
- 海带（长、宽均为3厘米）1片
- 寿司醋 60毫升（参照下述）
- 牛蒡 1根（80克）
  （混合调味料/调味汁 300毫升
  淡口酱油 15毫升
  盐 1克
  甜料酒 5毫升）
- 京都胡萝卜 1/5根（60克）
  （混合调味料/调味汁 150毫升
  淡口酱油 10毫升
  盐 1克
  甜料酒 5毫升）
- 白芝麻 15克
- 麻籽 1克
- 黄柚子皮 1/2个

油炸豆腐

- 油炸豆腐皮 6片
  （混合调味料/调味汁 200毫升
  水 400毫升
  淡口酱油 25毫升
  浓口酱油 25毫升
  白糖 70克）

寿司醋

- 米醋 60毫升
- 白糖 40克
- 盐（粗盐）10克

（将食材放入锅中，开火加热，待盐和糖溶化后冷却。）

做法：

1. 做油炸豆腐皮。油炸豆腐皮斜切成两半，把刀插入切口处，使其更容易打开。再用手指慢慢撑开，使其成袋状，注意不要撕破。摆入锅中，加入调好的调味汁，盖上沾过水的锅中盖[7]后开火，煮至汤汁几乎全部被吸收后关火。

2. 做寿司饭。首先将牛蒡洗净、削皮，切成薄片，再将京都胡萝卜去皮、切成小块，然后用各自的调味汁炖煮，加入麻籽提香。其次，蒸米饭，将水和海带倒入盛有大米的锅中一起蒸煮即可。最后，待米饭蒸好后盛入寿司桶中，倒入寿司醋，以划

---

⑥：日本画家。江户时代，生于丹波穴太村（今京都府亀冈市郊），卒于1795年。本名岩次郎，通称主水。早年从石田幽汀学狩野派绘画。曾将透视法应用于京都名胜图的绘制，尝试创作一种被称为眼镜绘的作品。

⑦：这种锅盖并不是我们日常使用的锅盖，是日本用来做煮物时直接放在食物上的一种锅盖，其直径小于锅的直径。

京都的稻荷寿司中包含很多食材：麻籽、柚子皮、芝麻、牛蒡、京都胡萝卜。

切的方式搅拌，便做成寿司醋饭了。

3. 趁着寿司饭的温热，将去了汁水的牛蒡、京都胡萝卜、白芝麻、麻籽、切成小块的柚子皮等一起放入，以划切的方式快速搅拌。之后，将成品一等或二等分。
4. 挤去步骤1做好的油炸豆腐皮的汤汁，打开袋口，装满步骤3做好的寿司饭，再将袋口闭合，调整成形。

粕汁

食材（4人份）

白萝卜　200克
京都胡萝卜　100克
油炸豆腐皮（大）1/2片
芹菜 1/2棵
调味汁 1000毫升
酒糟 140克
酒 少量
淡口酱油 20毫升
盐 4克
七味辣椒粉[8] 适量

做法：

1. 将白萝卜和京都胡萝卜切条（3厘米长、7毫米粗）。将油炸豆腐皮纵切成三等分，再切成7毫米宽。芹菜切碎。
2. 将少量酒洒至酒糟上，蒸5分钟左右，使其变软。
3. 将调味汁、步骤1的白萝卜、京都胡萝卜和油炸豆腐皮一起放入锅中，开火熬煮。待汤汁煮沸后调成小火，煮至白萝卜和京都胡萝卜熟透。
4. 倒入步骤2的酒糟，用淡口酱油和盐调味。
5. 将步骤4的成品盛入盘中，撒上芹菜末，再依据自己的喜好撒上七味辣椒粉。

芥末拌烟菜

食材（4～6人份）

烟菜 2棵
调味汁 540毫升
淡口酱油 35毫升
盐 3克
甜料酒 10毫升
芥末酱 适量
干鲣鱼片 3克

做法：

1. 将烟菜洗净后焯水煮熟，再放进凉水里将其冷却，最后拧干水分，切成4～5厘米。
2. 将调味汁、淡口酱油、盐和甜料酒倒入锅中，煮开后加入干鲣鱼片，然后关火。
3. 待步骤2的成品冷却后，将步骤1的烟菜放入，腌渍2～3小时。
4. 用定量的汤汁将芥末酱调匀，取出步骤3的烟菜后将其浸入汤汁，装盘。

---

⑧：日语是“七味唐辛子”，“唐辛子”即“辣椒”，是日本料理中一种以辣椒为主材料的调味料，由辣椒和其他六种不同的香辛料配制而成。

雏人偶[1]

我家有两个女儿。她们年幼时，每逢女儿节，都是由我母亲和夫人来装饰女儿节人偶。她们长大后，便跟着我母亲和夫人一起装饰。京都的女儿节是旧历三月三日。此时，她们四人就开始装饰人偶。在别人看来，她们在满是春色的晨光中争相装饰人偶的样子或许是另一番美景。但实际上，我那两个女儿却是因觉得麻烦而一直抱怨的状态。我便告诉她们："这是必须做的事。"而她们却反问："为什么呢？"细细想来，她们的质疑也并非空穴来风。如今的社会，很多人都认为一些固有的风俗习惯不必遵守。然而，我却坚决主张将这样的风俗习惯继承，并传承下去，因为它不仅是种习惯，更是一种文化。换句话说，对传统风俗的传承就是对传统文化的保护。保护文化，不是所谓的去文化中心参观或者学习，而是在日常生活中用自己的行为遵守与继承家风旧俗。明白了这一点，就理解了真正的文化。

我们店包员工伙食，也一直用实际行动传承着文化。比如女儿节的时候，作为主食，我们店会吃散寿司[2]；作为配菜，我们会吃芥末拌菜花或者用高知酱[3]拌的油炸豆腐皮和分葱[4]，再喝上一碗用银鱼[5]和海带熬煮的味噌汤。而祇园祭[6]时，我们会吃鲭鱼寿司，还有鱼糕和烤鸡腿肉。一月七日，伙食负责人就会做七草粥。再比如，五月节句时吃柏饼[7]，月见节时吃月见团子[8]，这些都是由我母亲分发

图为精心准备的女儿节膳食，仿佛让人感受到迎面而来的春天的气息。全部盛放在女儿节专用的红漆容器里。容器/漆器：竹中制造。

女儿节膳食

主食　女儿节散寿司（即女儿节特定的散寿司）
汤　白味噌 蓬麸 用水稀释的些许芥末酱
烧物　女儿节特用的鲽鱼 花瓣形状的莲藕
拼盘　笋 裙带菜 蜂斗菜 花椒芽
凉拌菜　柚香银鱼 芥末拌菜花
小菜　蚬贝时雨煮[9] 姜丝

三月三日，壁龛上挂着酒井抱一画的“立雏”的挂轴，价值不菲的朝鲜李朝时期的青瓷花瓶上插着西王母椿和杜鹃花。

给员工们。这样一来，大家就自然而然地知道这天是过什么节，在这样的节日里要吃什么了。我认为这也是对风俗习惯的一种保护，是一件很重要的事。

大家知道“五节句”[10]吗？它们分别是“人日”(一月七日)、“上巳”(三月三日)、“端午”(五月五日)、“七夕”(七月七日)和“重阳”(九月九日)。起初，古代中国有在这些节日里举办节日庆典的习俗，后来传到日本成为宫廷节庆活动，又由德川幕府制度化，得以在民间广泛流传。奇数原是“阴阳”中的“阳”，两个奇数叠加便转为“阴”。举办这些活动是为了阻止坏事发生，也就是我们常说的“驱除厄运”。同时，这些节日的时节也与日本的鲜明四季息息相关。此外，淳朴的农耕民族自然对季节有着与生俱来的敏感性，这些节日活动也与他们的民族特性相关，并且深深地扎根于固有的时节，年年相续，从不停歇。人们在四季更替之时祈祷无病息灾、子孙繁荣昌盛、五谷丰登，而每家每户也都制作特定的料理，在饮食和其他方面赋予生活仪式感。比如在我家，冬天会看椿花，春天会看玄关的樱花，并且每年快到某个季节时，就会想这些花什么时候盛开呢？秋天会看厨房旁边的菊花。年年看，年年思。于我而言，这些都是幸福的记忆。另外，季节性也是品尝料理的重要因素，因为日本料理的根本便是季节性的表达与传达。比如，女儿节在日语中是“雏祭”，“雏”原是幼鸟之意，如果女儿节的食物特意盛在小鸟样式的食器里，虽然不是不行，但还是有些俗气。三月份，我们店会把蜂斗叶的花茎裹上面衣油炸，配上一点味噌一起吃。打开盖子，扑面而来的便是丝丝春天的气息。就这样，只要稍微花些心思，便可以让客人的脑海中浮现出春天的画面，享受春天的幸福。

当然，说到春天，也许每个人脑海中呈现的画面不尽相同。我脑海中是一幅站在店门前静赏樱花纷飞的画面。这是我在忙碌之余，忽然感受到春天气息的一刻，也是年年循环的幸福回忆。这便是于我而言的春天。日本料理何尝不是四次元的料理呢？所谓的编织美味，就是通过食物，让客人的脑海中浮现出那种幸福的回忆。而在家里，我们每个季节都会举行活动，让家人品尝自己亲手做的料理。正是这些关于家庭的幸福回忆，才使得家庭料理变得美味无穷。料理不但可以补给身体所需营养，而且可以补充心灵所需养分，这正是日本料理的深奥之处。

也许是因为它的形状有点快被撕碎的感觉，所以被命名为“撕碎”。它是女儿节不可或缺的日式点心，出自京都的一家日式点心店——聚光。

活动和节日都与季节不可

分割，也与地方性密切相关。女儿节这天，在京都，蚬贝、银鱼、菜花和鲽鱼柳都是必食之物。此外，双壳贝被视为贞节之物供全国各地食用，然而京都却多食用蛤蜊。从食材上看，因为京都离琵琶湖很近，所以比较容易弄到濑田的蚬贝，但鲽鱼柳则来自若狭。京都食材自古就有“若狭”之说，因为京都离海较远，所以京都的海产品多是从若狭运来的。保护和食的第一步便是从家庭开始，希望您读到此处时，能在繁忙的日常中停驻片刻，重新思考一下季节的交替，怀念一下传统的节日。久违地庆祝一下女儿节，也是个不错的选择呢！因为与子孙们一起制造出的幸福美好的回忆，将会成为您人生中一笔不菲的财富。

---

①：即女儿节人偶。日本的女儿节称为“雏祭”，女儿节人偶称为“雏人偶”。

②：与寿司稍有不同，与手卷寿司并称为最家庭化的寿司。基本上是把各种鱼、蛋丝、香菇等寿司配料散放在醋饭上。主要有以下两种：江户前散寿司，常见于关东地区，配料撒在盛在碗里的米饭上；五目散寿司，常见于关西地区，配料拌进盛在碗里的米饭上。

③：日语写成“馒”，是高知县的一种传统酱汁，用味噌、白糖、醋等制成，可用于各种凉拌料理，多作为鱼、肉和蔬菜等的拌酱使用。

④：红葱头，又名红葱、圆葱、细香葱、香葱，属百合科（Liliaceae）葱属葱种分葱亚种的一个栽培类型，是中国岭南的特色辛香蔬菜。

⑤：日本银鱼是半透明状，1～3厘米的细长条小鱼。

⑥：祇园祭是日本京都每年一度举行的节庆，被认为是日本祭典中规模最大和最著名的。整个祇园祭长达一个月，在七月十七日则进行大型巡游，京都的二十九个区，每区均会设计一个装饰华丽的花轿参加巡游。

⑦：虽用“饼”表示，但日本所有带“饼”字的食物都是指年糕类的糕点。

⑧：一种江米团子，日语叫作“月见团子”。在日本，旧历八月十五被称为“月见节”，即赏月之日，这一天的夜晚被称为“十五夜”。

⑨：时雨煮是日本的一种传统烹调法，类似佃煮，通常在很短时间就煮好，甜中带咸，因为加入大量姜丝，所以带有姜香。

⑩：日本的“五节句”是日本一年中五大重要的传统节日。它曾是江户时代幕府所制定的国定节日，该制度已于明治六年废止，但现在仍作为年中行事的一部分被固定下来。

女儿节膳食的食材有菜花、鲽鱼柳、银鱼、蚬贝等。虽然各家各户的料理不尽相同，但每份食材都有其来源。

女儿节散寿司的寿司米饭

食材：

米 1.5合（约225克）
水 1.5合（约270毫升）
海带（长、宽均为2.5厘米）1片
寿司米饭的配料
　煮炖的甜辣味配菜（剁碎的香菇、高野豆腐、葫芦干）共50克
煮星鳗[11]（剁碎）20克
　寿司醋 45毫升（将20克盐、75克白糖加入120毫升米醋中搅拌，加热至盐与糖溶化）
芝麻末 4克（两小勺）
切成小块的黄柚子皮（长、宽均为3毫米）3克

做法：

1. 将米、水、海带放入电饭煲中烹饪，烹饪完成后拿掉海带，趁热倒入寿司醋搅拌均匀。再加入准备好的其他配料，剁碎的煮星鳗、柚子皮、芝麻末等搅拌均匀。
2. 然后，将您喜欢的配料散放在寿司饭上，便做成自家的散寿司了。

※女儿节散寿司就是将上述的寿司饭盛入食器中后撒上碎紫菜、锦丝玉子。其次，再将入味的花瓣状胡萝卜、胡萝卜块、蕨菜、豌豆、荷兰豆、花瓣姜丝、煮星鳗、红烧明虾、甘煮[12]香菇、鲑鱼卵都按顺序散放上去。最后，再点缀上花椒芽。

---

⑪：星鳗，康吉鳗，一种海鱼，样子类似于鳝鱼。
⑫：甘煮，即将肉和蔬菜伴着酱油、料酒、砂糖、汁水等一起煮的、有点甜辣的料理。

煮笋

食材:

笋 1根（约500克）
米糠 1小杯
水 2升
红辣椒 1根

做法:

1. 把笋芒斜切掉一点。米糠用纱布包好，放入水中揉搓，取出米糠汁，制成白浊的水。
2. 将红辣椒和笋放入步骤1做出的米糠水中，开火。盖上锅盖，沸腾后调成中火继续炖煮20～30分钟，让其一直保持沸腾的状态。然后用竹串等扎一下笋，如果竹笋已经软烂，即可关火，待其自然冷却。

炖笋

食材（3～4人份）

煮笋 1根
调味汁 800毫升
盐 4克
淡口酱油 25毫升
甜料酒 5毫升
干鲣鱼片 10克

做法:

1. 剥去笋皮，用竹串等去除根部周围多余的皮。将笋切成大小合适的块状，为了使其更好地入味，可以在厚处浅划几刀。
2. 将笋、调味汁、调味料放入锅中。作为锅盖，将用较厚的厨房用纸或纱布包好的干鲣鱼片覆盖在上面。
3. 沸腾后调成中火继续炖煮10～15分钟，关火后待其自然冷却，炖笋就做好了。食用时再次加热即可。

彼岸[1]

大家知道牡丹饼和萩饼[2]有什么区别吗？据说它们都有各自的名字来源。萩饼之所以叫萩饼，是因为其表面有较大的豆粒，豆粒的形状与萩[3]花相似。而牡丹饼之所以叫牡丹饼，是因为其形状像牡丹花。虽然叫法不同，但其实是同一种食物。简单地说，因为春天是牡丹花盛开的季节，所以春分时制作的饼叫作“牡丹饼”，而秋天是萩花盛开的季节，所以秋分时制作的饼叫作“萩饼”。这也确实是日本人特有的风格。据说“萩”是“萩饼”的女房词[4]，也叫“萩花”。以前，牡丹饼有五种口味，外面分别裹上：红豆泥、红豆颗粒、黄豆粉、芝麻、青海苔。小时候，每到彼岸之时，我都期待着各种口味的牡丹饼。春分和秋分之日被称为彼岸的中日，也是一个国民节日。当日，人们会敬奉祖先、缅怀先人。

京都人经常为祖先扫墓。比如，我每个月都有三天去扫墓，分别是爷爷的月忌日、奶奶的月忌日和父亲的月忌日。每次祭拜时，和尚也会来诵经。就这样，我们怀着敬奉祖先的心情，通过祭拜来寄托我们对已故亲人的思念之情。虽然他们已经逝去，但就在那个时候，我们可以感觉到他们仿佛与我们更近了。我也会不由得感慨，原来我现在所处的一寸土地上，曾经有着几万人、几亿人的祖先都曾在这里生活过。这让我意识到，每个人的生命不仅属于自

用豆沙和黄豆粉做成的简单的牡丹饼。从前，多数家庭都会在春天和秋天的彼岸之时制作。人们把牡丹饼供奉在佛龛上，敬奉祖先。重箱[5]/漆器：畠中昭一制作。

己，更是一代又一代人生命的接力，精神的延续。

对于京都人来说，彼岸是特别重要的日子。一到彼岸，人们便去扫墓，供奉牡丹饼。即使在快节奏的今天，无论再忙，人们都一定会去扫墓。我记得小时候每到彼岸的中日，母亲都会做牡丹饼分发给邻居和亲戚们，我也经常被派去帮忙。为什么不是在彼岸的第一天而是在彼岸的中日呢？这是为了与亲戚们错开时间。我的母亲和阿姨在出嫁后各自生活，第一天是我的阿姨做好后分给我们吃，而中日时是我的母亲做给大家吃。此外，每年的彼岸期间，我们家都会做精进寿司。这个精进寿司其实是很家常的寿司，食材都极其质朴，有香菇、油炸豆腐皮、葫芦干、莲藕等，再用泡发后的豆皮代替锦丝玉子撒在上面。还有各式各样的素菜拼盘，比如油炸豆制品（关东地区也称为炸豆腐丸子）、面筋、豆皮、香菇等。另外，对当年去世的人来说，当年的彼岸便是他的第一个彼岸。从前，亲戚们会在这第一个彼岸时聚集在一起。但是，如今人们却因嫌麻烦甚至连法事都不做了，你如何看待这一现象呢？在我看来，无论是在哪位故人的第几周年忌日，只要亲戚们能逢此日相聚在一起，便是这一节日的重要意义所在。小时候，每当我的叔叔阿姨们带着全家过来时，我都与表弟堂弟们一起玩耍、追逐打闹，甚是开心。有时也会因为过于吵闹而被我那最凶的叔叔责骂。但是我想，正是有了这样的相聚，我才得以在这平凡的日常中，真真切切地感知与思考家人的羁绊与存在。吃饭时，大人们总是对我说“你是咱家的长子，必须出人头地、做好榜样”“长兄如父，你将来必须承担起这一使命，作为全家的主心骨，让亲戚们一直这样紧紧相连，并且保护好弟弟们”之类的话。所以，我便自然而然地有了早日长大成人、担起这一使命的觉悟，可以说我早已做好了这样的心理准备。

对料理人来说，日本人独特的生死观和精进料理[6]的基本精神是非常重要的。“我要开动了”这句话饱含了人们对大自然的感激之情以及对食物的爱惜之情与敬奉之意。食物本有各自的生命，却为了让人类生存而献出了自己的生命，成为人们的食粮。因此，人们饱含“敬奉领受”的心情。对于日本人来说，与自然和谐共处是与生俱来的生活理念，所以料理人更应将这一理念深扎于自己的灵魂。一年两次的彼岸不正是我们认真思考生命的好机会吗？我很佩服我的母亲，她既要照顾四个孩子，又要操持店里事务，在彼岸之时还要花时间做牡丹饼和精进寿司，着实让人钦佩。即使是现在，她也常常对后厨工作的年轻人说："今天是彼岸，要做精进寿司吃哦！"如果实在没有时间做牡丹饼的话，买回来也无妨，但必须要对其双手合十，缅怀一下祖先、思考一下生命。你不妨试试，很不错呢！

---

①："彼岸"在日本有两段时期，一次是在春分时，一次是在秋分时。春秋分各一周。以春秋分当日为中心，前后各三天加起来一共一周。

②：日本人在彼岸时经常食用的食物。将用糯米和粳米作成的米饭捣碎，团成团子，再在外面裹上红豆做的馅（类似豆沙）或者蘸一层黄豆面。

③：一种蒿类植物，又叫作胡枝子。

④：日语最早的女性用语，"女房词"的出现距今已有数百年的历史了。

⑤：（盛食品用的）多层方木盒，套盒。

⑥：精进料理，也叫"素斋"，运用蔬菜、藻类、豆制品、菌类等食材和清淡的调味品制作美食。精进料理基于佛教戒律，所有动物性食材，以及蒜、葱、荞头、韭菜、洋葱都是禁忌。与素食"看着没有食欲""单调"等刻板印象不同，精致、美妙是精进料理的代名词。"尊重自然"是精进料理的基本精神。精进料理的根本并不是鼓励人们吃素，而是通过料理唤起人们对食物与自然的爱惜之情，传达禅意。

牡丹饼

豆沙馅

食材（适量）：

红豆（干燥）250克
白糖 280克
盐 2克

做法：

1. 做豆沙馅。在锅里放入红豆和刚没过红豆的水（约700毫升），开火熬煮。煮至汤汁变成浓稠的汤色后捞起红豆，倒掉汤汁。
2. 将红豆再放回锅里，重新放入700毫升的水，煮1小时左右，直至红豆被煮软。中途必须保证汤汁一直没过红豆，所以汤汁变少时需要加水，整个过程加三四次水。
3. 红豆被煮软后就用纱布等揉搓。
4. 将红豆与一半白糖放入锅里，一边搅拌一边用中火熬煮。待其入味后再将另一半的白糖放入。这时，豆沙馅会更有光泽，最后放盐拌匀。待其黏度出来后，盛放在方平底盘上冷却。
5. 把豆沙馅分成每份35克和每份40克的两组。

本体

食材（适量）：

糯米 2合（约300克）
水 2杯
盐 2克

做法：

1. 做牡丹饼的本体——糯米饭，先洗糯米。第一遍先不要洗，将水倒入洗米盆后马上倒掉，第二次才开始洗米。洗2～3次后，让其在漏盆中控水30～60分钟。再倒入加了定量盐的水中，开始煮米饭。
2. 轻轻用木制捣锤将煮好的糯米饭捣碎，再把它们分成每份35克和每份40克的两组。注意手要一边蘸水，一边分糯米饭。

牡丹饼的成形：

1. 豆沙馅的牡丹饼：将35克的糯米饭揉成一团，拧干蘸过水的纱布，用纱布将40克的豆沙馅裹到糯米团上，捏成饼的形状。
2. 黄豆粉的牡丹饼：将35克的豆沙馅揉成一团，拧干蘸过水的纱布，用纱布将40克的糯米裹到豆沙团上，捏成饼的形状。最后，撒上适量的黄豆粉。

精进寿司

食材（约5人份）

米 3合（约450克）

寿司醋 90毫升（参照下述）

混拌食材：

- 葫芦干 20克
  （调和汁：
  海带调味汁 300毫升
  淡口酱油 30毫升
  白糖 25克）
- 高野豆腐 1块
  （调和汁：
  海带调味汁 200毫升
  淡口酱油 20毫升
  白糖 15克）
- 油炸豆腐皮 1/3片
  （调和汁：
  海带调味汁 200毫升
  淡口酱油 30毫升
  白糖 15克）

寿司醋（适量）

- 米醋 60毫升
- 白糖 50克
- 盐（粗盐）10克

（将食材放入锅中，开火加热，待盐和糖溶化后冷却。）

上摆食材：

- 莲藕 50克
  甜醋（参照下述）
- 干香菇 20克
  （泡发汁：
  酒 120毫升
  水 120毫升）
  （调和汁：
  浓口酱油 10毫升
  甜料酒 5毫升
  白糖 7克）
- 荷兰豆 10片
- 干豆皮 2片
- 烤海苔 2片
- 红姜 适量

糖醋

- 水 60毫升、醋 20毫升
- 白糖 11克、海带 1克

（将海带放入盛有水和醋的调味汁中，浸泡一夜。第二天做糖醋时，将白糖放入后开火，待糖醋临近沸腾时关火，待其冷却。）

做法见第40页。

精进寿司

做法:

1. 将莲藕削皮切成薄片，焯水后浸泡在甜醋里。将荷兰豆焯水后放入冷水中，斜切成三等分。
2. 将干香菇洗净，浸泡在酒和水调制成的泡发汁中，浸泡半日，使其充分泡发。
3. 将步骤2的泡发水去渣取汁后放入锅中，再将泡发好的香菇以及之前做好的调和汁一同倒入，中火煮至汤汁收干。冷却后切片。
4. 用适量的盐将葫芦干搓洗后，焯水使其变软。再将变软的葫芦干放入水中浸泡一下，切成5毫米宽的条状。再将其与调和汁一起放入锅中，开火加热煮至汤汁收干。
5. 将高野豆腐用水泡发后拧干，切成5毫米宽、2厘米长的条状。再将油炸豆腐皮四等分后切成5毫米宽的条状，分别用各自的调和汁煮10分钟左右。
6. 将干豆皮用水泡发后切碎，将烤海苔揉碎。
7. 米饭蒸好后，倒入寿司醋搅拌，使寿司醋充分浸入米饭。将步骤4的葫芦干、步骤5的高野豆腐与油炸豆腐皮充分控水，去掉汤汁后加入寿司醋饭中，搅拌均匀。
8. 待冷却后盛入食器中，撒上步骤6的碎豆皮及碎海苔。
9. 配上步骤1的莲藕和荷兰豆、步骤3的香菇，以及事先准备好的红姜，作为点缀。

日本料理的精华——汤汁与调味料

汤汁

上代人一直提倡煮物的精髓是“残心之味”，即唇齿留香，余味无穷。也许第一口汤汁入口时，你会觉得味道有点淡，觉得盐放少了。但是，当你喝完时，你就会情不自禁地感叹：“啊，这个汤真是太好喝了，真想再喝一碗。”这就是残心之味。它会让你不由得思考，料理人究竟用什么秘方才将原本的浓汁做成了如此清淡爽口的汤汁。海带与鲣鱼的香味似有似无、若隐若现，让人回味无穷。不夸张不虚华，却极致美味，这便是菊乃井所追求的美味汤汁。在京都总店，每天都要使用6～10斗[1]汤汁。这个用量让我深切地认识到日本料理的精髓在于汤汁，享用日本料理就是在享用汤汁。

那么，究竟怎样的汤汁才是美味的汤汁呢？我经常被问到这个问题。对此，我想说：美味的定义不尽相同，比如日式料理店用的汤汁、乌冬面店用的汤汁、家常菜用的汤汁等都是不同的，不能一概而论。如果是家常菜，只需将干制的鲣鱼、鲭鱼、海带和小鱼等弄碎后放进纱布袋里，就可以熬煮出美味的汤汁。用这样的汤汁烹饪蔬菜、油炸制品等，就会做成一道道美味佳肴。但是，一定不能让汤汁过度地浸入食材，只要让食材带有汤汁的味道就可以了。也就是说，汤汁是附属品，食材才是主角。汤汁不夸张不虚华，只是作为陪衬，让食材本身的味道充分被享用。这便是家常菜了。

从前，人们都是就地取材，熬煮汤汁，也会直接饮用煮好的汤汁。这正是“四里四方”[2]的特色。据说是以前的人们都觉得自己住处周边的东西既好吃又健康。然而，我觉得也是受一定的条件限制，毕竟从前没有快递。但是，从健康方面来看，毫无疑问，食用当地新鲜且富含营养的应季食材是极好的。因此，日本全国各地都有属

于自己的特色汤汁，都保留着各种各样的乡土料理。有一次，我们店里的一个年轻人从家乡回来后带给我一些家乡特产虾仁和裙带菜。他的家乡在四国，在那里虾仁是上等的汤汁食材。众所周知，濑户内海是小鱼的摇篮，可以捕到很多小银鱼。我有时会把它们做成鱼丸，但更多的是将它们晒成鱼干用来做汤汁。日本盛产各种鱼类海鲜，所以日本人民经常将它们晒成鱼干做汤汁。我原以为这是理所当然的事情，但是法国却没有这样的习惯。虽然法国盛产肉类，但是法国人并没有把肉晒干再做成汤汁的做法。要说类似的做法，那就是培根了。他们不会像日本人那样，把鲣鱼晒制成那种坚硬无比的鱼干，再做成干鲣鱼条或干鲣鱼片用来熬汤汁。就这样，日本人

有关汤汁的种种（参见第42页图）

从上到下顺时针方向依次为：海带（利尻）、葫芦干、黄豆、小鱼干（大/小）、鲭鱼干、烤飞鱼、黄鲷鱼、秋刀鱼、带头的虾干、虾仁、干香菇。

从中心开始：黑金枪鱼的龟节[③]、鲣鱼的雄节干、雌节干、黑金枪鱼的背节（去过血的）。如此，人们用当地产的鱼做汤汁，为菜肴增添鲜味，便是人们生活经验的结晶，也是一种生活的智慧。

经过多道程序，花费大量时间，精心制作出用来做汤汁的食材，然后用汤汁来烹饪各种蔬菜，配上刚煮好的米饭，呈上餐桌。也许这便是真正的“款待”[④]。为食用者不惜时间、不吝精力、满怀心意、做到极致，这便是日语中的“款待”的精髓。

里面一图是甲鱼汤。食材有甲鱼肉、烤年糕、姜丝。

前面的是蟹肉味噌汤。食材有蟹肉制品、萝卜（绿萝卜[⑥]与胡萝卜）结[⑦]、松针柚子[⑧]。

可以说，这些煮物重在品味汤汁。分别是味道醇厚的蟹肉味噌汤和营养丰富的滋补甲鱼汤。

日本人认为味觉有五种。除了咸、甜、酸、苦，还有鲜[⑤]。人类汲取的第一口的营养便是母乳。母乳含有丰富的脂肪、糖以及其他新鲜成分。饮用母乳会刺激大脑分泌多巴胺，带来快感。也就是说，美味食物可以让人身心愉悦。不同国家或民族的饮食文化各有千秋，人们也从不同的食物中摄取人体所需的各种营养。比如，说到糖分，人类都是从面包和大米等食物中摄取的。此外，法国等国家的料理以脂质为中心，含有大量的脂肪。现在，日本料理之所以在世界各地蔚然成风，是因为以鲜味为中心的日本料理不仅美味，而且热量很低，很健康。比如，怀石料理有六十五种，除去甜点以外用的菜品所含的热量总和约1000千卡，而法国料理虽然只有二十五种，但它们所含的热量总和却有约2500千卡当然，具体到每一种料理，它们的卡路里含量也会有所不同，但总体来看，法国料理和日本料理大有不同。日本民族发现食物中的这种旨味，并将其发展成为一种饮食文化，真的是最值得世人瞩目的一件事。那为什么其他民族都没有发现这种所谓的第五种味觉，而日本民族却发现并且将其发扬传承至今呢？据说有两个原因，一是江户时代的日本实行闭关锁国政策；二是按照佛教戒律，人们不能食用四足动物。

明治时代，池田菊苗博士发现旨味中含有一种成分——谷氨酸，它是一种酸性氨基酸。日本人最熟悉的海带的旨味便是谷氨酸，而鲣鱼的旨味是肌苷酸。日本料理的底料，即用海带和鲣鱼熬煮成的汤汁中便含有这两种旨味成分。我们的古人充满智慧，巧妙地运用各种“山珍”与“海味”熬制成各种营养丰富的汤汁，着实令我们心悦诚服、心生敬意。

汤汁可以说是日本人味觉的原点，图为村田先生正在盛出汤汁的情景。

薄片料理[9]

鸭肉丸 烤葱段 青团
绘马慈姑[10] 蔓菜
雕刻成梅花状的胡萝卜
柚子 金箔

薄片料理可以说是最能直接品尝到汤汁原汁原味的一种料理。那一层薄如蝉翼的芜菁薄片下，潜藏着各种春季的食材，寓意着春天的悄然而至，如同品茶般别有风味。

---

①：计算容量的单位，十升为一斗。

②：原指方圆四里内的一片区域。这里指江户。以日本桥为中心，除了外护城河之内的区域，被称作江户四里四方八百八丁。

③：日本人将大型鱼捕上来，切开，叫作亀节；再切开，就能分为雄节与雌节——这和鱼的雌雄无关，背部肉叫作雄节，胸部肉叫作雌节。一条鱼分为两扇，每扇分别可制成一条背节和一条腹节。也就是说一条鱼可制成两条背节和两条腹节。

④：日语中叫作“おもてなし”(Omotenashi)，意思是报以最尊敬的心情为客人提供服务，是一种极致的关怀心。

⑤：日本的池田菊苗博士，于1909年从昆布中提取出了谷氨酸，这种味道即是鲜味，日语中称为“旨味”(unami)。

⑥：绿萝卜，一种直径1～1.5厘米、长12～15厘米的细长萝卜，形状独特，根部旋转了一两圈。因为露出地面的部分是绿色，所以被称为绿萝卜。

⑦：将绿萝卜和胡萝卜切丝，中间打结系在一起，作为装饰。日本料理中的一种点缀手法。

⑧：将柚子皮切丝，摆成松针的形状。

⑨：怀石料理的一种汤汁，最上面漂着一层被削得薄如蝉翼的芜菁薄片，下面是各种春季食材，寓意春天的悄然而至，别有一番韵味。

⑩：绘马，是指日本人去神社寺庙等地为了许愿或还愿而献纳的匾额。绘马慈姑是指将慈姑雕刻成绘马状，作为装饰菜品使用。

如何过滤出最美味的汤汁

食材:

水 1800毫升

海带 30克

（菊乃井使用的是珍藏了两年的产自日本利尻町香深区域的一等海带）

干鲣鱼片 50克

（菊乃井使用的是产自枕崎的去过血的雄节干）

做法:

1. 在锅里加入适量的水，海带无需清洗直接放入锅中，开火加热至60摄氏度，就这样保持1小时（水温超过80摄氏度会使海带分泌出黏液。而且过高的水温会使蛋白质凝固，影响鲜味的提炼。用60摄氏度的水熬煮1小时，便能将海带的鲜味最好地提炼出来）。
2. 取出海带，将汤汁加热至85摄氏度后关火。
3. 将干鲣鱼片一口气全部放入，用筷子辅助使其静静地沉入汤汁，这个动作要在10秒内完成。这样就可以保证汤汁清而不混（虽说高温可以更好地提炼出鲣鱼的鲜味——肌苷酸，但同时也会产生酸涩味。所以，在85摄氏度的水温下小煮10秒，既可以提炼出其鲜味，又可以抑制住其酸涩味）。

日本料理的精华——汤汁与调味料

酱油与味噌

日本人很难想象没有酱油和味噌的饮食生活。因为日本料理可以说基本上就是这两种味道。除了酱油和味噌，日本的代表性调味料还有醋、酒和甜料酒。我们可以看出，这些调味料最大的共性便是它们都是发酵食品。特别是酱油和味噌，它们在古代、中世纪、近世纪的各个时代，在各个地方都得到了发展并传承至今。这一小节，我将以酱油和味噌为中心谈一下日本的调味料。

因为日本四面环海，所以古代最初的调味料便是以海产品为食材做出的一种酱料——以吕利。这个名字被记载于平城京遗址出土的木简上，而平安中期成书的日本最古老的辞典《倭名类聚抄》上也有关于一种调味料——“煎汁”的记载，叫作“鲣以吕利”(用鲣鱼熬炼出的酱料)。因为日本民族本就多食用鱼类，所以这种以鱼为原料做出的调味汁，或者说是调味酱料很快得到了普及，被广泛地应用于各种料理的烹饪中。虽说日本现在也在使用以鱼为原料做出的调味料，比如鱼酱油[1]，但是在历史长河的某个时期，以黄豆和麹为原料做出的“黄豆酱”得到了迅速发展，并且成为了主要的调味料。中世纪末到近世纪，人们制作出米味噌和麦味噌，同时也从味噌衍生出了酱油。据说，当时有人舀了味噌的上清液，品尝之后发现很美味，这便是酱油的起源。

用酱油味酱料、锄头烧烤[2]法烤制的鸡肉。

室町时代出现了茶道和怀石料理，极大地推动了日本料理的发展。怀石料理注重食材本身的味道，使人们增强了尊重食材固有味道的意识，进而促进了酱油的发展。江户时代，酱油融入平民百姓的饮食生活中。虽说酱油和味噌都是以米、黄豆、大麦和麹为原材料，但种类却多种多样。因为它们都结合了当地的特色，迎合了当地的口味，形成了各具地方特色的制法与风味，至今仍保留着浓厚的当地味道。所以，东京的人第一次在京都喝以白味噌为底料做的味噌汤时，对其味道大为吃惊；相反，我们这边的人在东京吃乌冬面时也大吃一惊。正月的杂煮便是很好的例子，全国各地、甚至每家每户都有其各自的味道。由于我经常旅行，熟知各种地方特色食物，再加上快递发达，所以很容易就能买到来自全国各地的

提到味噌料理，必定少不了“味噌田乐烧”。一到夏天，人们便会想吃加茂茄子田乐烧，可以同时品尝到白味噌与红味噌的美味。

各种食材。即便如此，我的心里一直都有生我养我的家乡的味道、家的味道，我一定会倍加珍惜。

焦香的酱油是一种无比诱人、让人欲罢不能的人间美味。据说从前的人们仅仅靠闻着酱油的香味便能吃上好几碗饭，我认为这毫不夸张。对于这种鲜香的爱，日本人可以说是深入骨髓。而关于“香”，也是需要学习与品味的。比如京都人不懂新荞麦的香味，这也正是我最近多番品味后才体会到的一种香味。再比如，东京的人觉得京都的番茶有一种独特的香熏味，但是我们从年少时期便一直在喝，所以并不觉得有什么特别的怪味。因此，虽然日本人都说味噌和酱油具有独特的香味，但是也许初次品尝的外国人并不能感同身受。为此，我们将它们与烤鸭肉的肉汁一起熬煮，调成鸭子汤汁，便可以让客人品出酱油的香味。通过加热，鸭肉所含的蛋白质（氨基酸）与糖类就会变成茶色，产生各种香味，这叫作美拉德反应[3]，美拉德反应后就演变成了发酵调味料。这时，即使是外国人，也能品出酱油的香味了。日本人一直把酱油、味噌等发酵调味料作为烹饪食物的基本调味料，又运用美拉德反应这种美食魔法制作出调味料，着实厉害。当然，营养方面更不用说。比如，日本料理的一大乐趣——新鲜的生鱼片配上上等的酱油，便是利用酱油里含有的谷氨酸旨味，更好地激发出生鱼片里的肌苷酸旨味。就这样，日本人不断试炼调制而成的调味料及其食用方法，从营养学的逻辑上看也是正确的。

①：鱼酱油，又称鱼露，一种调味品，主要包括鲜味和咸味；是用小鱼虾为原料，经腌渍、发酵、熬炼后得到的一种味道极为鲜美的汁液。闽菜、潮州菜和东南亚料理中也常使用。

②：锄头烧烤，是一种肉类和蔬菜的烧烤方法，多使用酱油、酒、白糖、甜料酒调制而成的酱料，用平底锅或铁板烤制。古代田间劳作的日本农民的午饭就是将锄头置于火上充做铁板烤制食物果腹，从而演变成今天的锄头烧烤，是大阪名产之一。

③：美拉德反应亦称非酶棕色化反应，是广泛存在于食品工业的一种非酶褐变，是羰基化合物（还原糖类）和氨基化合物（氨基酸和蛋白质）间的反应，经过复杂的历程最终生成棕色甚至黑色的大分子物质类黑精或称拟黑素，故又称羰胺反应［1912年法国化学家路易斯·卡米拉·美拉德（Louis Camille Maillard）提出］。参见百度百科。

锄头烧烤法煎制的鸡肉，可以尽享酱油的香味，令人回味无穷。

锄头烧烤法煎鸡肉

食材（3～4人份）

鸡腿肉 300～400克

调和汁：

- 浓口酱油 30毫升
- 酒 30毫升
- 甜料酒 60毫升

小青椒 4根

色拉油 适量

面粉、花椒粉 适量

做法：

1. 先给鸡腿肉裹一层面粉，弹去多余粉末。
2. 调配好调和汁。小青椒去蒂，用竹串等扎几个洞。
3. 将色拉油倒入氟树脂涂层加工的平底锅中，再将步骤1做好的鸡腿肉从带皮的那面开始用中火煎。待两面都煎至焦黄时，慢慢倒入步骤2的调和汁。继续加热，并且不停地将锅中的汤汁浇在鸡肉上，直到汤汁黏稠起来。起锅前放入小青椒。
4. 将煎好的鸡肉切块，与小青椒一起装盘，再把平底锅中剩余的汁液浇在上面，最后撒上适量的花椒粉。

贺茂茄子田乐烧

食材（4人份）

贺茂茄子 2个
油 适量
白田乐味噌 60克（参照下述）
赤田乐味噌 60克（参照下述）
芥子 适量
青柚子皮 少许

※煮味噌的做法
将200克甜口味的白味噌与200毫升的酒一起倒入锅中，搅拌均匀后开火加热，沸腾后将火调小，用铲子不停地搅拌，直至其黏稠度恢复到起初的味噌本身的状态。

白田乐味噌

※煮味噌 360克
煮过的酒 100毫升
蛋黄 1个
白糖 10克
将煮过的酒、蛋黄和白糖倒入煮味噌中，搅拌均匀。再放入锅中加热，注意为了防止糊锅，需要不停地用铲子搅拌，直到味噌的黏稠度恢复到原先的煮味噌的状态。

赤田乐味噌

八丁味噌 200克
酒 500毫升
白糖 140克
将酒和白糖与八丁味噌充分搅拌均匀后，倒入锅中，观察一下水位线，开火加热。注意为了防止糊锅，需要不停地用铲子搅拌，直到味噌量达到原来水位线的一半。

做法:

1. 将贺茂茄子的头尾切除，横切成两半。以1.5厘米的间隔在茄皮那面纵向划切一下，然后交叉削皮。
2. 用竹串在茄肉那面扎几个孔，放入180摄氏度的热油中，炸至茄肉变成浅茶褐色。然后捞出，放入150摄氏度的烤箱中烤15～20分钟，这样既可以去掉多余的油，又可以进行二次加热。
3. 待茄子完全熟透后，一半涂上白田乐味噌，一半涂上赤田乐味噌，再放入烤箱中上色。
4. 最后，在赤田乐味噌一侧撒上芥子，在白田乐味噌撒一侧青柚子皮碎末。

全日本的酱油

现在有五种代表性的酱油。

浓口酱油：全日本生产的代表性酱油，盐分浓度约16%。主产地在关东，千叶县野田市和铫子市等地较为有名。

淡口酱油：颜色浅，盐分浓度却高于浓口酱油。它可以很好地还原食物本身的味道，让人完全品尝到该食物的最佳风味，用于煮物和清汤等。

白酱油：颜色比淡口酱油更浅，糖度高、香味好。它的颜色之所以浅，是因为提高了小麦原料的比例。

溜酱油：原料多是黄豆。将干味噌块放入盐水中催熟，因其味道及香味浓厚，在中部地区颇受欢迎。

再酿造酱油：因用生酱油代替盐水对酱油进行再次酿造而得名。味道比溜酱油更为浓厚，一般搭配生鱼片和寿司食用。又名甘露酱油。

图中最上面一杯便是淡口酱油，按照顺时针方向，依次为再酿造酱油、浓口酱油、白酱油、溜酱油。

全日本的味噌

日本的味噌都各具地方特色，根据其原材料和麹的种类大致分为三种。根据麹和盐的比例，味道分为辣口、中辣口、甜口，又根据大豆的加热方法分为白色、淡色、红色。从全日本来看，米味噌最多。而爱知县、岐阜县、三重县这中部三县主要使用豆味噌，九州和中国、四国的部分地区主要使用麦味噌。

米味噌：东北和关东地区的红色系辣口味噌、信州和北陆地区的淡色系中辣口味噌、京都和赞岐地区的白色系甜口味噌都是代表性米味噌。

麦味噌：除九州、中国、四国的甜口味噌，还有琦玉县和栃木县的辣口味噌。

豆味噌：将大豆发酵、催熟制成，当属八丁味噌最为有名，还有三州味噌等。

从右上角按顺时针方向，分别为麦味噌、米味噌（白色系、京都的西京味噌）、豆味噌（八丁味噌）。

赏花

对日本人而言，说到花便是樱花。虽然没有法律规定，但说樱花和菊花都是日本的国花，想必也没人会有异议。然而，日本人一说到花便想到樱花，这样的国民意识是从平安期以后才有的。在那之前，一说到花，人们想到的是梅花。奈良时代，梅花从中国传入日本，供人观赏，这便是赏花的起源。到了平安时代，人们开始喜爱樱花，贵族们也经常吟咏樱花。说起赏花，最著名的便是丰臣秀吉举办的“吉野赏花会”和“醍醐赏花会”了，而平民百姓也有自己的赏花方式。总之，人们都喜欢赏花，可以说樱花和日本人有着很深的渊源。

樱花给人一种神圣的感觉，有时清新脱俗，有时又带有它独有的妖艳，简直不像是这个世界的东西。这就是樱花给人的感觉，我想祖先们一定也是深有感触，他们还曾把樱花当作神灵。樱花在日语中读作Sakura，有一种传说说“Sa”是田间的神灵，以前的人们认为“Sa”从山上下来，走到田里，春天就来了。“Sa”到达田地之前曾坐于一棵树下，这棵树便被称为“Sakura”(kura在日语中是“来”的意思)，意味着“Sa”的到来。所以樱花的盛开也被视为神灵来到田里的信号。为了让住在樱花中的神灵高兴，自古以来日本都有在赏花之日带着便当，与亲邻们共享美食、共饮美酒的习俗。

三之重，一之重。春天赏花，秋天赏红叶，这是日本人的风俗习惯。在多层提盒里，摆满了怀石料理。第一层是开胃菜和茶前点心，第二层是烧物，第三层是蒸煮食物，第四层是米饭类（比如寿司等）。印有菊花花纹的莳绘（漆工艺技法之一，产生于奈良时代）多层提盒：梶古美术出品。

与之重
二之重[1]

一之重：

鳕鱼籽花椒芽、鸭肝松风[②]（赏花串）；黄袍海味寿司[③]、味噌腌渍的鳄梨、嫩煮鲍鱼；蕨菜乌贼、撒满香炒鸡蛋的味噌腌渍的蜂斗叶花茎、日本一寸豆（白花大粒蚕豆）、味噌腌渍的蛋黄、日本斑节对虾艳煮[④]、鲷鱼龙皮卷[⑤]、芝麻芥末拌菜花、萝卜卷三文鱼、花瓣状独活片、花瓣状生姜片、花瓣状百合根及鲑鱼卵

二之重：

厚蛋烧、烤海胆、花椒芽煎甘鲷鱼、香煎帆立贝柱、鳗鱼八幡卷[⑥]花椒芽、醋渍茗荷；味噌幽庵烧樱鳟鱼[⑦]、花瓣状的莲藕片、唐墨[⑧]粉香煎甘鲷鱼、花瓣状独活片、花瓣状生姜片、花瓣状百合根及鲑鱼卵

三之重：

笋·墨鱼·花椒芽拌独活·笔头菜、凉拌一寸豆·红蓼、鲑鱼卵·柚子；鸣门海鳗、笋、鳕鱼籽、蕨菜、蜂斗菜、草苏铁（一种日本野菜）、鸣门豆皮、撒满香炒鸡蛋的短蛸、花椒芽、花瓣状独活片、花瓣状百合根及鲑鱼卵

与之重：

水针鱼·斑节虾、野蜀葵手纲寿司、鲭鱼寿司（手鞠寿司）；春子鱼·樱花、水针鱼、斑节虾、海鳗·花椒芽、鲷鱼、一寸豆、生姜丝、楤木芽、花瓣状生姜片、花瓣状百合根及鲑鱼卵

提盒由四层饭盒以及酒器、小碟等组成。菊花莳绘用来庆祝长寿，上面又印有樱花的图案，四季皆可使用。

（译者注：菜品翻译说明：1.文中中间点（·）表示前后两个名词组合在一起是一道菜品，可以根据菜品灵活翻译，比如芝麻芥末拌菜花这道菜，日文表述为“菜の花辛子あえ·炒りごま”，这个菜品在日本非常典型，看上去是两个部分，（·）前面是芥末拌菜花，（·）后面是炒芝麻，这是日本一种典型的凉拌蔬菜，菠菜也可以这样做，其实就是凉菜上面撒上一些白芝麻。但作为菜品名翻译时一般都会将它们灵活地翻在一起，比如“芝麻芥末拌菜花”，不用连词“和”等连接。但是如果一个菜品由很多种食材组成，且没有固定的较好的翻译时，就引用日文中的（·），比如三之重中的：笋·墨鱼·花椒芽拌独活·笔头菜，看图可知它是小碗中的菜品，由多种食材组成，且不是固定食谱，所以只能一一列举，可以说中间点（·）比顿号（、）更低一级，比如：笋·墨鱼·花椒芽拌独活·笔头菜、凉拌一寸豆·红蓼、鲑鱼卵·柚子。一共有三个菜品，顿号分隔前后两个菜品，每个菜品中又有多种食材组成，前后两种食材由中间点（·）相连。

对于农耕民族的日本人来说，这也是祈祷五谷丰登的重要仪式。

樱花，总能勾起我诸多的思绪。我们京都总店门前便有三棵山樱树。据说父母结婚时它们还是小树，如今已然长成了足以霸占整个前院的大树。所以，我从出生至今，真的是看着樱花长大的。樱花的生命短暂，盛开期只有一周左右，它悄然开放，又无声地逝去。这种不染风尘、短暂虚幻的美，正反映了日本人的审美意识。我家门前的山樱树开满花时似瑞雪初降，一片白茫茫。站在树下仰望，都看不见天空。而当这盛开的樱花一齐飘落时，宛如一场风雪之舞。我最喜欢的便是这樱花飘落之时，而且也最喜欢樱花中的山樱花。它总给人一种寂寥感，用京都话来说，就是既“质朴”又“高雅”。我找不到特别合适的语言，但是简而言之，它的美透露着华丽、质朴、高雅和独特，雅而极致，是一种寂寥之美，也是一种琳派之美。日本人对樱花情有独钟，樱花也是绘画、漆器、陶瓷等各种美术品和工艺品的主题。

日本人重视季节性，餐桌上的食器、家里的物品等无处不彰显着鲜明的季节性。因此，对于那些季节性短暂、不能经常使用的物品，他们格外爱惜。那是心灵的奢侈，承载着人们强烈感受到那些稍纵即逝之季的喜悦之情。提盒是江户时期的物品，用来放便当，它不仅是菊花莳绘，而且印有樱花的图案，可以说相当奢侈。当时的人们一定经常在赏花和赏红叶之时使用。我仿佛可以看到人们在盛开的樱花树下悠享时光的情景，那其乐融融的画面多么令人陶醉。

樱花时节，菊乃井的特色料理——樱花蒸鱼。用樱叶卷上甘鲷鱼进行烹煮。打开盖子，樱花的香气便扑鼻而来。

提盒便当是有讲究的，比如第一层是开胃菜和茶前点心，第二层是烧物，第三层是蒸煮食物，第四层则是米饭类，赏花时多是寿司。我们这里是色泽鲜艳的手纲寿司和可爱的手鞠寿司，味道比店里提供的稍微浓厚一些，又比年节菜清淡一些，就是当日品尝的最佳味道。食材更是毋庸置疑，都是新鲜的时令食材。比如，“樱鲷”便是樱花之际最典型的一种鲷鱼，被作为赏樱花的代表性食物。还有煮笋、花椒芽拌菜等，都是时令食材。最重要的是打开盖子时，能让人感受到春天的气息，华丽又清新。再撒上花瓣形状的百合根和独活片，满是春天的浪漫与柔情，也许有点过于华美，但也是一件绝妙讨喜之事。

如果你有一段时间没有带着便当去赏花了，今年不妨去一下如何？坐在那有神灵暂居的樱花树下，感受一下日本人独有的喜悦，也是个不错的选择呢！

---

①：“重”是层的意思，日本传统的御节料理会用五层漆盒来盛装。“与之重”是第四层，但因为日语中“四”与“死”是偕音，所以用“与”代替。

②：松风，是指撒上芥子对肉类进行煎制的一种烹饪手法。

③：黄袍海味寿司是一道菜品，主料是米饭、虾仁等食材。

④：艳煮是一种烹饪手法，一般是指用甜料酒等将食物熬煮，使其更有光泽。

⑤：龙皮是一种昆布的名称，龙皮卷是指用昆布卷起来吃的食物。首先将昆布蒸软，再用醋、糖、盐等腌渍入味，最后用昆布将食物（多指生鱼片）卷起来。

⑥：八幡卷，多指用鳗鱼、牛肉等将牛蒡卷起烤制成的食品。

⑦：幽庵烧，是一种烧烤法，将鱼泡在豉油、清酒、味醂（一种类似米酒的调味料）以及加上柑橘类水果（一般是日本柚）的酱汁中腌渍后烧烤。

⑧：所谓唐墨，一是指乌鱼子，由鲻鱼卵巢做成；二是在香川县是指马鲛鱼的鱼子，都是一等一的高级食材。

粽子和柏饼

端午节本是指第一个午日，并非一定是五月五日，但是在《令义解》(平安时代，奉淳和皇帝敕命编辑的法令说明书）中，规定了五月五日为端午节，自那之后，端午节便被定为五月五日。最初，端午节由中国传入，成为日本的一种宫廷活动，是天皇在武德殿驱除邪气、祈求长寿的仪式。中世纪以后，端午节在宫廷中渐渐衰退，开始盛行于武家和民间，且多作为男孩的节日来庆祝。现在，端午节发展为祈求孩子健康成长的节日。我家也有庆祝端午节的习俗，从我小时候起，便一直有装饰扁柏大将人偶的习俗。每到端午节，三层的装饰台上便摆满了各种人偶，有带着马鞍的马和老虎、桃太郎、钟馗等。后面摆着矢量屏风，前面一定供奉着三角形的红豆饭团。回忆起那时候，可真是悠闲自在。每到端午节，我都会在我们店的院子里挂上鲤鱼旗，客人们会不禁感叹“好大的鲤鱼旗啊”，而我们的服务员总会自豪地说:“是的，是我们店的。”就这样，客人们也开心地与我们一同庆祝端午节。

说到端午节的吃食，便是粽子和柏饼。据说柏饼诞生于江户初期，而粽子是从古代中国传入的。关于“粽子”这个名称的由来，有很多种说法，不过由于粽子是用箬竹叶包的，最有力的说法便是它是由“箬卷”演变而来的。自古以来，箬竹叶都被认为是神圣的

每到五月端午，京都的店里都会摆上大将人偶。照片提供：久间昌史。

村田家的三个食器里分别盛放着柏饼、粽子和三角红豆饭团，个个都馅料饱满。柏饼的由来可以追溯到江户初期，据说起初庆祝端午节时是赠送粽子，之后才慢慢演变成了柏饼。

粽子和柏饼

叶子，人们总是用它包食物。临近端午节，京都的点心店便开始做粽子。包子店、糕点店做米团子，高端的点心店用葛粉制作柏饼。柏饼是用新粉做的年糕，有红豆馅、白味噌馅等，因用一层柏树叶包裹着而得名。我很喜欢极具京都风味的白味噌馅的柏饼。

说到粽子，你听说过中国那个凄凉的故事吗？战国时代，有一个叫屈原的楚国王族一心为国为民，却因直言不讳的性格备受排挤，最终被贬至江南。之后，楚国败于秦国，屈原在绝望和悲愤之下，于农历五月五日怀抱大石投汨罗江而死。百姓得知后深感痛心，为了避免江中的鱼啃食屈原的尸体，他们纷纷将装有大米的竹筒扔进河里，以这种方式来纪念屈原。不知何时，传说屈原托梦告诉百姓大米放在竹筒中会被恶龙偷走，他希望人们用龙所惧怕的炼树叶包住大米，再用五色线系住，这便是粽子的起源。此外还有一种传说，据说中国神话中的五帝之一高辛氏于农历五月五日遭遇海难，之后其子成为水神，却喜欢作祟为难百姓，百姓便纷纷将粽子投入大海，以此来平息水神之怒。

除了粽子和柏饼，还有其他点心供人们于节日和活动时食用。点心的起源是水果，从利休先生（日本著名的茶道宗师）的茶会记也可得知，当时的点心多是树上的果实和柿饼之类。16世纪起，日本开始进口白糖，点心的种类急剧增加。与此同时，以京都为中心，出现了很多点心店。和式点心设计精巧，象征性地融入了季节、自然、诗歌、故事、祝贺等寓意。这是日本人独有的审美意识，其纤细的表现力让和食独具魅力。

我认为和式点心堪称艺术。京都的点心店大概分为三类：高级点心店、包子店、糕点店。高级点心店会为客人订制茶会时食用的茶点，比如用小豆粉和糖做的彩色点心、金团等。包子店做日常的点心、包子等，糕点店做糕点。京都人会根据时节选择店铺，也都有各自中意且熟悉的店铺。店铺也都了解自家客人的家庭情况，临近节日时便会问客人今年要些什么。至今，京都人都在好好地继承这些源自宫廷的活动与节日的传统。在某种意义上，对于长期居住在宫廷脚下的京都人来说，这是理所当然的事情，也是一种矜持。

京都的节庆点心

点心制作/点心店铺：聚光

一月：葩饼

它的原型可追溯到从前贺年时，进宫参殿的人们用夹着味噌与牛蒡的年糕代替煮年糕，也作为茶道里千家的“初釜”点心使用。

三月：引千切

三月三日、上巳节时享用的点心。

六月：水无月

一年的最中间，即六月三十日。这一日，人们感谢上半年的平安，祈求下半年的顺遂。这个节日也被称为“夏越大拔”，人们享用一种叫作“水无月”的点心，它的下面是一层模仿冰片的米粉糕，上面是有驱邪之说的红豆馅。

九月：月见团子

将糯米粉揉成芋头的形状，蒸熟即可，包有红豆馅。

五月：柏饼粽子

五月五日、端午节时享用的点心。

九月：着绵

九月九日重阳节时享用的点心。据说这一天，人们用含有菊花露水的棉花擦拭身体，去除污秽。

十一月：亥子饼

据记载，在旧历十月的第一个亥日，宫中会举办活动，制作亥子饼。这种点心也在开炉茶会之日食用。

青梅

“一只青蛙，手倚青梅，呼呼大睡。”（这首短诗出自日本江户时期著名的俳句诗人小林一茶。）

自古以来，梅雨时节结出的青梅都是诗歌中咏唱的主题。在料理人看来，青梅预告着夏天的来临。它那鲜艳亮丽的绿色、松软丰满的身姿，任谁看到都会直流口水。所以，作为季节感的象征，它经常出现在各种菜单里。此外，提到“花”，虽然现在是指“樱花”，但是以前是指“梅花”，每当梅花盛开时也被作为报春的首选食材使用。虽说有点早，但从一月份开始料理人便将其运用到各种料理中。梅子肉便是怀石料理中小吸物（日本料理汁物的一种）和海鳗料理不可或缺的食材。尤其是夏天，青梅更是频繁地出现在各种菜谱中。对日本人来说，梅子是重要的食材，它的用途十分广泛。小孩子感冒闹肚子时，父母就把烤梅干与番茶一起冲泡让其饮用。有些小孩子甚至每天都要吃一个。我记得小时候，也就是昭和三十年代时，我还从表演纸芝居[①]的大叔那里买了涂着梅子酱的煎饼，边吃边看纸芝居表演。

节庆日时，梅子也是必食之物。比如元旦的时候，京都人都会喝大福茶，这大福茶其实就是在白开水里放入梅干和打结的昆布做成的茶。还有在订婚仪式上，大福茶也会作为第一个菜品出场，媒人说完祝福的话后端出大福茶。梅子用英语说是“plum”。但是，我总觉得梅子和他们所说的“plum”不太一样。梅子已成为日本人日常饮食生活中的一部分，日本人对梅子的钟爱与依恋不言而喻。比如，日本人身体欠安，需要调理时会吃梅干，而其他国家是喝鸡汤。这也是每个国家的特色吧。

据说平安时代的村上天皇生病时就是靠食用腌渍梅子得以康复的。镰仓、室町、战国时代，梅子也出现在了武士们的餐桌上，作为战争时期的保存食品备受重视。此外，说起梅花，少不了要提到营原道真公。据说他极爱梅花，五岁便咏唱了关于梅花的和歌，其绝笔诗也是一首咏梅的汉诗。他居住于天神御所，别名叫作“白梅御殿”，而别邸叫作“红梅御殿”，于左迁时留下了脍炙人口的千古名诗“东风唤来梅花香,无主不能忘春来”。北野天满宫以祭拜营原道真公为主，也是有名的赏梅景点，在那里道真公被供奉为“天神”。

有一个词叫“梅活儿”，以前家家户户都腌渍梅干，这种腌渍梅干、煮梅子、酿造梅酒等的工作叫作“梅活儿”。煮梅子和酿造梅酒是用青梅，腌渍梅干是用已经成熟的黄色的梅子。每到青梅季，菊乃井就会用蜂蜜煮青梅，做成罐头装在玻璃瓶中。最近是用白葡萄酒做的，清爽美味。这里告诉大家制作方法，请一定尝试着做一下。一到“梅活儿”期，女人们就开始烦躁不安，她们忙着腌梅子，再用梅醋腌渍姜丝、薤白，做完所有的“梅活儿”需要忙活一个多月。这些工作中，有一步“晒干”工作，是在梅雨季节过后的晴天将梅子晒干。这个季节经常下雨，所以一点也不能大意。母

满是春海气息的古风巴卡拉大碗中放着碎冰块和用白葡萄酒煮好的青梅，装点着花穗紫苏。洒上水珠后便立刻洋溢出满满的夏日风情，再配上成套的古风巴卡拉小碗。漆器：畠中昭一制作。

曾祖母腌渍的梅干，堪称村田家的传家宝。

亲常说她那段时间晚上都睡不安稳。这一步非常重要，要把梅子晾到表面干绷绷地起皱才行，一旦被雨淋湿，便功亏一篑了。至今，我家还有曾祖母腌渍的梅干，是我祖母出嫁时带来的。算起来可是有一百五十年了呢，所以一直没敢吃。但在写此书之际，我大胆地尝了尝。它并没有我想象的那么咸，但是很硬，硬得已经尝不出果肉了。令我意外的是，仍然可以品尝到微微的酸味和梅干的香味，长时间含在嘴里还是会觉得味道鲜美。也许是因为这项工作是世世代代传承下来的，所以每到这时，总会不由得想起村田家祖祖辈辈的事情。如今，忙活“梅活儿”的家庭越来越少了，但是每个家庭腌渍的梅干和咸菜都有自己家独有的味道。我还是希望大家都能珍惜这种家的味道，好好继承下来并传承下去。

①：即连环画剧、洋片。诞生在昭和初期，主要以孩子为对象，一边给孩子看画书，一边给孩子讲故事进行表演的一个剧种。

菊乃井使用的青梅果是和歌山县产的青梅，它果实饱满，果肉多又厚。照片是熟透了的青梅。此照片拍摄于和歌山县。

白葡萄酒煮青梅

食材:

青梅 4个
盐 适量
浓口酱油 适量
白葡萄酒 180毫升
白糖 150克

做法:

1.用针把整个青梅都扎上小孔，在浓度约为10%的盐水中浸泡一夜。
2.为了使青梅的颜色更加亮泽，在铜锅内侧涂一层浓口酱油，静置10分钟左右。加入适量的水，放入青梅，开火加热20～30分钟，注意不要让水沸腾，因为水一旦沸腾，青梅的颜色就会变淡，所以要一直用文火加热，以保证青梅呈现出鲜绿色。青梅显色后便捞出放入水中。
3.将青梅转移到盛满水的锅里，用小火再次煮，注意保持青梅完整，不要破坏其外形。大约煮15分钟后再次捞出放入水中。然后将其放入蒸锅中，蒸掉多余的水分。
4.在锅中加入360毫升水、50克白糖，做成糖浆汁。再放入步骤3的青梅，用小火煮7～8分钟后冷却。
5.另起一锅，倒入180毫升白葡萄酒、180毫升水、100克白糖，煮至白糖溶化后冷却。
6.将步骤4的青梅倒入步骤5的锅中。为了保护青梅不被破坏，要用网将其捞起移动。用小火煮5分钟左右，然后冷却。

京都人的所爱
鲷鱼

说起鲷鱼，就不得不提明石市。其实日本到处都能捕到鲷鱼，但明石的鲷鱼最为有名，这有两个原因。首先要得益于这片海域的富饶和其海流的湍急。因为明石的海底地形复杂，会产生激流，而这激流正是鲷鱼的饵食——小鱼和小虾最好的温床。另外，鲷鱼的最爱——玉筋鱼更是泛滥。也就是说，明石的鲷鱼通过栖身于这激流中，获取各种营养丰富的饵食，使自己富含营养、肥美无比。除了这些得天独厚的天然环境，还有一个重要原因，便是人类想方设法将明石鲷鱼的美味做到极致的智慧和技术。在明石，鲷鱼是用一根根鱼竿钓的，比起用网捕捉，这种方法可以不损害鲷鱼的身体，使其保持身形的完美。最重要的是，这样可以最大限度地减少鲷鱼的压力。也许你会想：鲷鱼有压力吗？有科学证明压力会使鲷鱼的乳酸值上升，从而影响口感。之后，这些用鱼竿小心翼翼钓上来的鲷鱼又被专门负责运送的“运鱼人”从明石一路护送运到京都。我

今桥炭溪的大盘子里盛放着鲷鱼蓬莱烧。这是一道与仙人居住的蓬莱山有关的喜庆菜肴。冠以“蓬莱”之名的料理一般都含有五种颜色：绿色（青苔粉）、红色（乌鱼子）、白色（盐拌白芝麻）、黑色（黑芝麻酱）、黄色（煎蛋黄）。据说绿色代表春天，红色代表夏天，白色代表秋天，黑色代表冬天，黄色代表处于中心位置的蓬莱山。用系着水引（源自中国结的日本传统结绳工艺）的奉书装饰着菜肴，以示庆贺。

们店也有常年合作的信得过的“运鱼人”，由他们将鲷鱼送到京都和东京。另外，要在黑暗中杀鱼，因为鲷鱼在黑暗中时最为放松，甚至处于半睡状态，这个状态的鲷鱼肉最为鲜美，再放置八小时，就是品尝鲷鱼的黄金时期了。为了让客人在晚上六点品尝到最佳风味的鲷鱼，我们会按照这样的时间进行倒推，来委托捕鱼运鱼人进行捕杀工作。可以说为了让客人吃到美味的鲷鱼，这项工作的每个步骤都经过精心设计，更让人引以为豪，恐怕也只有“明石”出品才能做到。

“樱鲷”这个名字日本人必定喜欢。春天，鲷鱼迎来了繁殖期，身体也变成了美丽的粉红色，与樱花时节的樱花相互呼应，所以被称为“樱鲷”。同时，这个时期的鲷鱼肉质也十分鲜美。最重要的是，由于捕鱼量增加，它的价格随之下降，成为了家家户户的日常餐食。若是平时，大家看到鲷鱼都会问：“哇，今天有鲷鱼哦，是谁过生日吗？还是有什么喜事吗？”而这个时期，平日里一贯节俭的京都人也会说：“又是鲷鱼哦，今天是直接做成生鱼片呢？还是烹饪一下呢？”但话说回来，也只有在春天，厨房里才会涌现出这样的话题。

鲷鱼还有一点很可贵，那就是它全身都可食用，鱼身可以做成生鱼片，也可以煎着吃或烤着吃，鱼头和鱼骨头可以炖煮着吃。在这里，我介绍一下用京都的菜肴、鲷鱼和笋一起炖煮的一道料理，请大家一定试着做一做。虽说京都料理普遍较清淡，但也经常做这种甜咸口味的煮物。鲷鱼的肉质劲道有力，而且味道鲜美。另外，这个时期也是花椒芽上市的季节，可以奢侈地多放些花椒芽作为装饰。

所谓的时令期包括“早期、盛行期、晚期”，分别是两周左右。虽说时令期中有“晚期”之说，但并非代表该食材一直可以被作为时令食材使用。拿海鳗来说，最近越来越多的料理人不考虑季节的变化，甚至以为过了海鳗季节的海鳗仍然是“晚期海鳗”，常年将其运用于料理中。说到“早期”，比如有人在春节期间就早早地将笋和楤木芽等食材运用于料理中。日本四季分明，这是大自然给予

第五代岛田耕园做的“菊花童子”。肚兜上的“吉”字出自“吉弘”的名字。他抱着鲷鱼的样子甚是可爱，每年四月，菊乃井都会把它放在摆台上作为装饰。

我们的恩惠。每种食材都有其时令，时令食材集聚了自然的精华，鲜美无比，且富含营养。对于季节与时令的认识极为重要，因此，我们有必要重新审视一下季节，了解一下时令。

于日本人而言，鲷鱼是一种特别的存在，它不仅被供奉在神馔（日本神道教名词，供神的食物和饮料的总称）上，甚至在京都都会被尊称为“鲷鱼先生”，用日语表达的话，就是在鲷鱼前面加上敬语接头词“御”，后面加上表示尊称的“桑”。例如，春节期间，京都有一种习俗叫作“瞪眼鲷”。人们拿煎制的头尾俱全的鲷鱼供奉神灵三天，然后再一起吃掉。全国各地到处都有与鲷鱼相关的祭礼活动与风俗习惯，可以说鲷鱼是节庆活动中必不可少的一种鱼。另外，从许多方面都可推测出日本人很早以前就开始食用鲷鱼了，比如在贝冢发现了鲷鱼的骨头，《古事记》和《日本书纪》中也有关于鲷鱼的记载。日本人和鲷鱼有着深刻而紧密的联系。我认为鲷鱼之所以能在众多鱼类中脱颖而出，备受人们喜爱，有两个原因。一是因为它的身体呈红色，而红色自古以来就代表长寿。二是因为鲷鱼的发音有“吉祥”的谐音，寓意可喜可贺。尤其是京都人，可以说他们对鲷鱼情有独钟。我也不例外，在对其加工的时候，心情总是与加工其他鱼时有所不同，有一种说不出的含蓄之情。

将鲷鱼和笋一起炖煮，是京都人的日常料理，是家的味道。再加上菜花，便是一场时令食材的最佳邂逅，尽情享受吧！

鲷鱼和笋炖煮

食材（4～6人份）

鲷鱼（2公斤左右）的头部 1.5个
笋（焯水后的笋）1.5个
调味汁 900毫升
盐 5克
淡口酱油 30毫升
甜料酒 10毫升
干鲣鱼片 15克
炖煮调料
- 酒 500毫升
- 水 500毫升
- 浓口酱油 80毫升
- 溜酱油 20毫升
- 白糖 40克
- 甜料酒 45毫升

菜花 6棵
凉拌汁
- 调味汁 180毫升
- 淡口酱油 7.5毫升
- 盐 1克

花椒芽 20片

做法：

1. 将笋清理干净后切成适宜食用的大小放入锅中，加入调味汁和调味料。代替锅盖，用纱布将干鲣鱼片包住放在上面，炖煮10～15分钟后自然冷却。
2. 把鲷鱼的头部从中间切开，分成两半。锅里烧开水，放入鲷鱼头，待鱼头变白后立刻捞入冷水中，这样便可以去除黏液和血，再擦干水分。
3. 在锅里放入步骤2的鲷鱼头和甜料酒以外的炖煮调料，然后加热。盖上用冷水打湿的篦子锅盖①，用大火煮至汤汁收至一半左右。再将笋放入，一边用汤汁浇淋一边炖煮，直至剩下少量汤汁。最后加入甜料酒。
4. 将步骤3的成品盛入盘中，浇上一圈汤汁。将焯过水的菜花用凉拌汁拌好入味，与花椒芽一起装盘。

①：不同于我们日常使用的锅盖，这种锅盖比锅的口径小，放置于锅内使用，多为木质。

京都人的所爱
豆腐

众所周知，豆腐和纳豆皆由中国传入，初到日本时两者的名称曾被调换过。豆腐的水分含量约90%，吃豆腐就像在喝水一样。这么说来，虽说豆腐的发源地是中国，但日本的豆腐应该更好吃。因为日本的水是软水，这是制作柔软清淡的豆腐不可或缺的材料。1升水中所含的钙和镁的数值称为“硬度”，按照世界卫生组织

将豆腐装在出自人间国宝——金重陶阳的尺二备前烧大钵[①]。京都的一块豆腐比东京的大，这块豆腐被称为「八丁即一丁」(8块即1块)。一块嫩豆腐一般重400克，而图示这块重达3斤，分量十足。

（WHO）的标准，硬度120毫克/升以下为软水，120毫克/升以上为硬水。东京地下水是硬度约60毫克/升的软水，但我听说京都贺茂川的水源硬度只有3毫克/升左右。可想而知，京都水是多么圆润柔和。比起东京的豆腐，京都的豆腐惊人地柔软，即使是木棉豆腐也是如此。自江户时代起，豆腐就被称为京都名产，此话所言甚是。京都美人应该也是喝了京都水才拥有光滑的肌肤吧！

从最北的北海道到南端的冲绳，日本坐拥世界少见的众多河川，受惠于丰沛的软水。这些水对日本料理的形成与发展及思想有

从上至下顺时针方向依次为在京都被称为飞龙头，在东京被称为炸豆腐丸子、豆浆、平汤叶[②]、生汤叶[③]，是东京的油炸豆腐皮两倍大的京都油炸豆腐皮（长约30厘米），里面是稻荷寿司用的小油炸豆腐皮。据说以前都把豆渣卷成这样的球状摆在店前。小卷豆皮、炸豆腐丸子、厚炸豆腐、黄豆。

着深远的影响。常言道：“日本料理是水的料理，中国料理是火的料理，欧洲料理是土的料理。”众所周知，中国料理是巧妙运用火力创造出来的料理。欧洲是依靠富含矿物质的土壤栽培作物。而日本料理的根基在于“水”，日本人对水有着独特的感情。清澈的水能够洗净污秽，这与神道也有关联。自古以来，人们耕田种菜，上山采野菜，下海捕鱼。在日本人看来，所有食材都是神的馈赠。因此，在对其加工前必须先用水洗净，料理的首要步骤便是清洗。作为日本人的主食，米饭也是先用干净的水养育水稻，待其成米后，再用水煮成美味的米饭。日本料理的精华之一——汤汁也是用水熬煮的。借此机会，我们应该重新思考一下水的重要性，不是吗？

话说回来，京都人真的经常吃豆腐，平均三天就会吃一次。以前的人说过：“演戏不知该演什么，就演忠臣藏；配菜不知该吃什么，就喝豆腐汤。”我也爱喝豆腐汤，即用豆腐丁和葛粉勾芡做成的汤。冬天的时候加点生姜喝下去，全身就会立马暖和起来。京都各地的每个街区至少会有一家豆腐店。家家户户都有自家常去的店，“那家店的豆腐好吃，不过炸豆腐皮是这家好。但炸豆腐丸子还是那家店地道”，就像这样，京都人区分得非常清楚。在东京开店后，我最惊讶的是找不到卖豆腐和红豆饭的店家。京都寺院多，京都料理受到精进料理（素斋）的影响很大，而豆腐是京都料理必备的食材。至今,寺院旁仍然有卖嵯峨豆腐或南禅寺豆腐的大型豆腐店。

说到豆腐，我就会想起临济宗天龙寺派的前管长（日本宗教团体的最高指导者）平田精耕大师。某日，平田大师对我说：“平时经常受你招待，这次换我招待你。”于是，我应邀去拜访僧堂，享用了汤豆腐。当时，大陶锅里滚煮着一大块豆腐，佐料是用葱、姜、萝卜泥做成的球状“炸弹”。大师赤脚快步走向庭院，摘来蜂斗菜放入锅中，鲜明而强烈的春天香气顿时扑鼻而来。听到大师说“请吧”，我开口问：“大师有何赐教？”大师回道：“没有没有，没事没事。”如今，我还是会想，也许大师是在告诫我，料理不能流于卖弄技巧吧。那白白的方块豆腐是那么的质朴简单，只用水和黄豆就能做出来。其实，那也是一种宗教哲学的象征。正因为如此，它味道的好坏尤为分明，对料理人来说也是种棘手的食材。

---

①：在日本，由文部科学大臣议定的无形文化财产（如戏剧、音乐、工艺技术等）保持者被称为“人间国宝”。备前烧是一种日本民艺，它的特点在于不上釉、不绘彩、完全靠火和技巧来制作陶瓷。大钵是大碗大盆的意思。尺二是一种计量方式，约为36厘米。尺二备前烧大钵就相当于汉语中说的“七寸陶瓷大碗”。

②：平汤叶是以大豆为主要原料，经过磨浆、煮浆后，在豆乳表面形成薄膜，将该薄膜从豆乳表面取出形成该大豆固态制品，类似于中国的豆皮。

③：以大豆为主原料，将煮豆浆时凝聚的第一层豆皮与豆浆一起舀出，豆皮还未完全形成，类似于中国的豆花，但比豆花更加稀释，黏稠度介于豆浆与豆花之间。

“海胆豆腐山葵果冻”是菊乃井夏季的经典之作。在豆腐中混入生海胆，凝固成果冻状后再在上面放上海胆。

嫩豆腐生海胆山葵果冻

食材（4～6人份）

嫩豆腐 1块
生海胆 12个
调味汁做的果冻
- 一番出汁[④] 140毫升
- 淡口酱油 15毫升
- 浓口酱油 5毫升
- 甜料酒 20毫升
- 干鲣鱼片 1撮
- 鱼胶粉 1.5克

山葵 4克
花穗紫苏 适量

做法：

1. 用调味汁做果冻。将一番出汁、淡口酱油、浓口酱油、甜料酒放入锅中，开火加热，待其沸腾后立即关火。加入干鲣鱼片，待其冷却后，研磨搅匀。
2. 将步骤1的成品再次放入锅中，烧开后关火。加入鱼胶粉搅拌，使其完全融化。放入冰箱冷却凝固后再研磨弄碎，最后再加入山葵泥拌匀。
3. 将切好的豆腐、生海胆盛入食器中，浇上山葵果冻，配上花穗紫苏。

※菊乃井是自己做的豆腐，这里给大家介绍的食谱是直接用市面上卖的豆腐，较为简单。

---

④：多指用昆布和干鲣鱼片煮出的第一道汤汁，日本有专门的这种调味料，在超市中多与酱油摆在一起。

京都人的所爱
日本茶

众所周知，茶源自中国。中国的汉代药书《神农本草经》中有关于茶的记载，所以我想那时茶就已经进入了人类视野。在日本的奈良、平安时代，由遣唐使和留学僧传入日本。镰仓时代，临济宗的开山祖师荣西禅师赴宋朝学习禅宗，得知中国盛行饮茶，便撰写了《吃茶养生记》。这本书记载了茶的药物性能，是日本第一部关

五月的一个菜品——蒸新茶。用薄鸡蛋卷将茶荞麦面卷起来，外面再卷一层甘鲷鱼进行蒸制。装盘后，浇上茶水即可享用。这道菜品清爽美味，深受客人喜爱。

于茶的专著。最初，饮茶仅限于僧侣、贵族等知识分子阶层，然后扩展到武士阶层。后来茶道形成，到了江户时期，平民百姓也开始饮茶品茶。透过这悠久的历史也可以看出茶文化对日本的重要性。于日本人而言，茶已是日常生活中一种不可或缺的饮品。

自出生以来，我一直以茶代水。我从小时候便开始喝京番茶，我想京都人应该都是如此。如今，京番茶已经广为人知，而京都人喝了一辈子这种独具风味的茶，说它已经渗入到了京都人的血液里也不为过。京番茶产自京都府南部，是将修剪下来的茶枝与茶叶一起蒸熟后直接用火炒制而成的一种烘培茶。像麦茶一样，它需要用水壶来煮，有一种独特的熏香味。冬天就直接喝煮出的热茶，夏天就将它放置冰箱冷却后再喝。京都人把它当水常年饮用。

关西有宇治，关东有静冈，九州有知览，日本有很多地方都盛产茶叶。但是你知道吗？有人说中国台湾的茶产量比静冈和宇治的总产量还要多。日本有煎茶道，也有抹茶文化。一杯清茶中浓缩着哲学的精华、花鸟风月等审美意识，可以让人调节精神、和谐内心，但仍有不少人习惯买塑料瓶装的茶喝。这样不是很没意思吗？最近，海外掀起了和食热潮，茶也很受欢迎。品尝日本料理，一定要搭配日本茶，因为它们密不可分，我们不仅想让大家品尝到日本料理的美味，也想让大家品尝日本茶的风味。日本的学校食堂都会提供日本茶，所以孩子们从小就开始饮茶，也正因如此，可以说日本人从小就在接受日本茶的熏陶，我认为这是一种极好的做法。

说到茶叶的种类，日本茶也好，红茶、中国茶也好，其实都是一样的。日本人凭借细腻的味觉，用多种方法制作出各种日本茶。中国茶和英国人喜欢的红茶都很重视香味。与之相比，日本茶更注重醇厚、甘甜与留香。而说到味道，人们都各有所好。我喜欢一种叫作“雁音茶”的茎茶，它香味独特，入口清凉甘甜，苦味适中，只是有点贵，而且还要注意热水的温度，因为这种茶需要用温水提炼出甜味。

此外，也许只有日本人才会依据时间、场所、场合的不同来饮用不同的茶，即TPO（Time、Place、Occasion）原则。茶歇时喝自己喜欢的茶，饭后喝清淡的焙茶，特殊时刻喝玉露。京都的茶道也颇为盛行，也有人称下午三时的品茶会为“点茶”。即使没有茶碗和茶匙也没关系，只要饮用抹茶便好，重要的是喝抹茶这种行为本身。最近也有很多抹茶味的甜点，也许有人会因此爱上抹茶，进而想进一步了解茶道。我认为这也是一种很好的文化传承方式。

茶也用于料理中，比如茶粥、茶荞麦面、茶炖海参等，还常用于去除河鱼的腥味。我年轻的时候，还有一些潇洒的隐居者，终日以品玉露、饮美酒为乐，好生自在。将泡过茶的茶叶与小银鱼干一起蒸煮，做成佃煮也是一道佳肴。而且茶叶富含丰富的儿茶素和维生素，以前也作为药材食用。日本茶历史悠久，深受日本人喜爱。岁月匆匆，时光荏苒，在繁忙的日常中，您不妨停住脚步静坐下来，一边慢慢地品尝精心沏好的茶，一边享受与家人团聚的安逸，感受一下时光静好。

从左上方向右依次为：粗茶、柳茶、茎茶、芽茶、煎茶、碾茶、抹茶、冠茶、玉露、焙茶、玄米茶、京番茶。而绿茶则为茶叶采集后不经发酵所制成的“不发酵茶”的总称，是最常被饮用的日本代表性茶品。

关于日本茶

茶都是出自同一山茶科的叶子，根据制造方法，可以大致分为不发酵的绿茶、半发酵的乌龙茶和完全发酵的红茶三大类。日本茶是不发酵的绿茶。又依据时代的需求、人们的嗜好，还有地域的不同等，制作出不同种类的绿茶。

绿茶的栽培方式主要有两种。一种是搭建塑料大棚覆盖栽培，一种是没有覆盖的露天栽培。覆盖栽培的代表性茶叶有：涩味少而味甘甜的玉露、碾茶和用石磨磨出的抹茶、比玉露覆盖时间短的冠茶。

另一方面，露天栽培的茶有大家最为熟悉的煎茶，质朴的粗茶、柳茶（也叫川柳），只取玉露和煎茶茎部的茎茶，同样在最后阶段只取其芽尖的芽茶。此外，还有在煎茶中加入玄米的玄米茶、焙茶，具有独特香熏味的京番茶等。

茶叶提供：祇园辻利

茶叶与小银鱼干

食材:

泡过茶的茶叶（玉露、煎茶等）100克
小银鱼干 12克
酒 160毫升
浓口酱油 1大勺
甜料酒 1大勺
白糖 少许

做法:

在茶叶和小银鱼干中加入少许油（食材以外），在锅中轻轻翻炒。待油充分浸入后加入酒、浓口酱油、甜料酒、白糖继续加热，一边加热一边搅拌，待汁水收尽后关火。

祇园祭

祇园祭是日本三大祭典之一，是日本重要的非物质民俗文化遗产，也被联合国教科文组织认定为非物质文化遗产。祇园祭的整个祭事从七月一日一直持续到月末，对外来者而言，祇园祭参观的重点有两个：一是七月十六日晚上的宵山活动（即前夜祭），二是宵山隔日——七月十七日白天的山鉾（日本的神社祭祀用的彩车）巡行。一进入七月，伴奏队便开始练习，十日左右起便开始搭建前祭巡行中的山鉾，四处洋溢着浓厚的节日气氛，我也不由地兴奋起来。其实，祇园祭原有两大高潮，分别是前祭（七月十七日）与后祭（七月二十四日）。时隔半个世纪之久，平成二十六年（2014年），后祭复活，祭典恢复如初。

据说，祇园祭起源为祇园御灵会，目的在于驱除瘟疫。相传平安时代的贞观十一年（869年），瘟疫泛滥，举国不安。为了镇住瘟疫神，人们制作了象征六十六个地方的六十六根长矛，抬神轿祭祀祈祷。由此可见，祇园祭原本是祇园人（祇园社即八坂神社）举行的祭神仪式。到了中世纪，町众（都市工商业者）拥有了财力物力，孕育出了独有的山鉾文化。这便是现在的山鉾巡行的起源。可以说，祇园祭乃祇园独有，它既是一种祭神仪式，也是町众的一个节日庆典。虽说我家不在山鉾町，但每年七月十日，我都参加迎提

满是春海气息的巴卡拉义山钵中盛放着海鳗寿司和鲭鱼寿司。沾了水的青竹透着丝丝凉意，漂亮的玻璃器皿更是衬托出料理的精致美味。这种春海风格是明治末期由日本人定制而成的，与日本的夏天极其般配。

灯、神舆洗等祇园活动。迎提灯的男人们需穿武士礼服与裤裙和服。京都的男人们现在也保持着这样的穿着习惯。提灯队伍中还有一番可爱至极的景象，那便是孩子们一边跟着队伍行走一边跳鹭鸶舞。此外，我还参加了七月二十四日的花伞巡游，它是将神灵从四条御旅所迎回的“还幸祭”，也是祇园祭的最后一个高潮，同时也意味着祇园祭接近尾声。

祇园祭期间多吃海鳗，所以祇园祭也被称为“海鳗祭”。有焯烫海鳗（在京都，说起焯烫就是指焯烫海鳗）、照烧海鳗、海鳗寿司等。这个时候，每家料理店的煮物都是牡丹海鳗，再加上青柚皮漂浮其上作为点缀，透着满满的夏季清爽

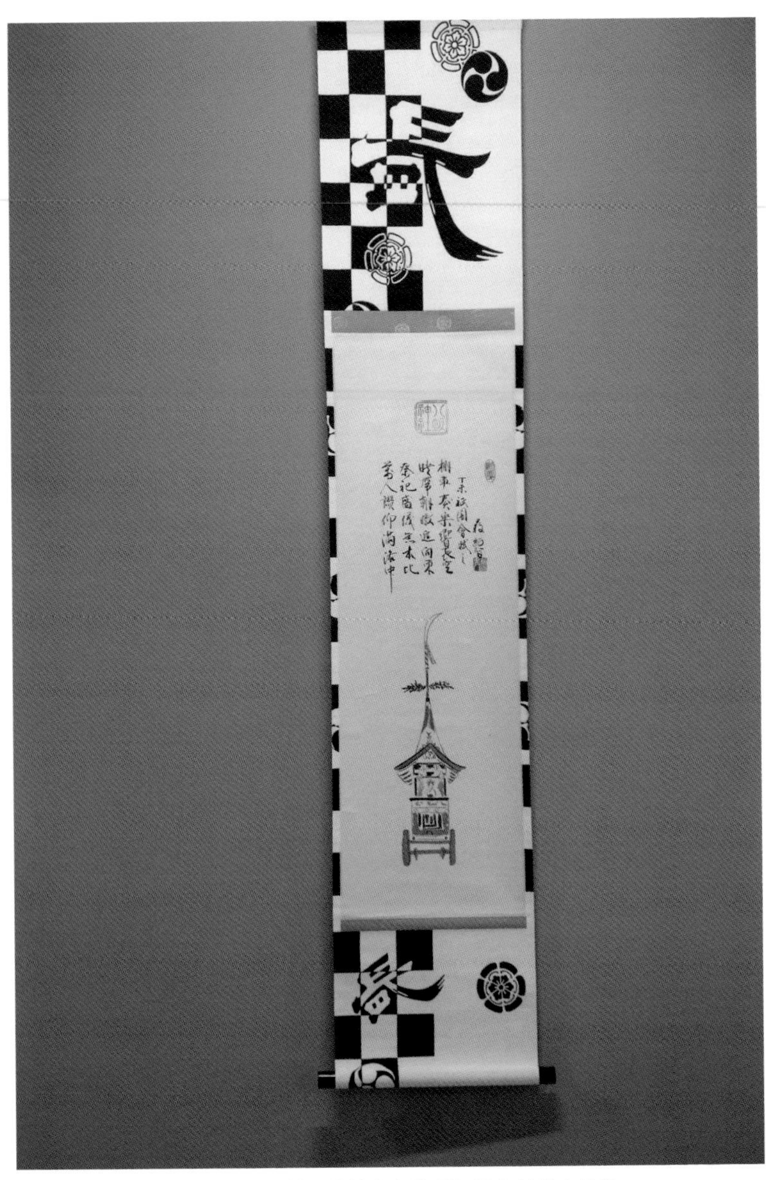

画着长刀鉾的华丽的祇园祭挂轴。装裱的底纹是祇园祭的浴衣风格。

之感。海鳗具有极强的生命力，即使从明石、濑户内海一带运来需要花费一晚的时间，也不会影响其活力以及新鲜度。从前，京都的夏天只能吃到海鳗这一种海鱼。作为一种珍贵食材，我想，古人一定是在感谢神灵赐予健康平安、祈求无病无灾之时才会食用它吧。此外，人们也经常将海鳗寿司和鲭鱼寿司作为伴手礼，送给亲戚、邻居以及对自己照顾有加的人。祇园祭期间是吃海鳗，而长崎的秋祭期间是吃石斑鱼。节庆日与日本料理有着紧密联系。祇园祭也会吃鲭鱼寿司或鲭鱼。据说京都的祭典始于四月的安

从明石到濑户内的最好的海鳗。它的骨头坚硬，不削皮却剔骨。菜刀是个人专用菜刀，刻有料理人姓名。

村田先生说，海鳗的剔骨节奏很重要。“啪”的一声，发出清脆的声音。

乐祭，终于十月的时代祭，而且不仅是祇园祭，任何节庆期间都会食用鲭鱼寿司。

日本人有一种根深蒂固的思想，他们认为神与食物紧密相关，人类食用的食物都是来自神的馈赠，也因此人类才得以生存。虽然现在的节庆庆典有点像祭神活动结束后的宴会，但其实它原本便是祭神活动的一部分。通过人神共食的方式加强与神灵的联系，并且希望获得力量，继续得到神灵的庇佑。他们认为神灵所赐必是完美之物，所以无需太多加工便可食用。有人说西洋料理是加法料理，而日本料理是减法料理，我想，这便是其中缘由吧。

祇园祭宣告着夏天的正式到来。“好热啊”是一句常用的寒暄语，而越热便越能感受到祇园祭的气氛。祇园祭正式开始前，人们会铺上凉席，把糊纸的木制拉门换成夏用拉门，或者挂上御帘，还将坐垫从冬季坐垫换成夏季坐垫。这些事情于六月的换装日做为时过早，六月中旬最为合适。根据季节改变生活设备等，也是日本人与大自然相处中积累下的生活智慧。此外，日本人还善于发现大自然的美，挖掘大自然的故事，领悟其中蕴含的思想与哲理。可以说，热爱季节并且活出季节性是日本人的一大生活乐趣。在此，我想呼吁大家在祇园祭之际，插上扁柏扇，挂上长刀鉾的卷轴，一起迎接祇园祭。

鲭鱼寿司

食材（2根量）：

咸鲭鱼（600克）1条

（切成3片，撒上盐放置2小时后用水冲洗干净）

咸醋

- 醋 450毫升
- 白糖 60克
- 淡口酱油 65毫升

（搅拌均匀备用）

白板海带 2张

甜醋

- 水 100毫升
- 醋 35毫升
- 白糖 20克

（搅拌均匀后加热，待白糖溶化后冷却）

寿司饭

- 米 2合（约300克）
- 水 360毫升
- 海带（长、宽均为2厘米）1片

寿司醋

- 醋 60毫升
- 白糖 45克
- 盐 12克

（放入锅中加热，待糖和盐溶解后冷却）

做法：

1. 将鲭鱼去骨，用咸醋腌渍40分钟至1小时。擦干水分，剥去薄皮。
2. 用加了少许醋（食材外的用量）的开水将白板海带焯烫后，用漏勺捞起，放进甜醋里，腌渍2小时。
3. 做寿司饭。放入海带蒸米饭，口感稍硬。待米饭蒸好后，盛入蘸过水的寿司木桶中，将加热后的寿司醋均匀倒入，一边扇一边以切的方式均匀搅拌。
4. 将步骤1的鲭鱼切成均匀的厚度。在寿司帘上铺上一层保鲜膜，将鱼皮那面朝下放上鲭鱼，再放上2倍的寿司饭，慢慢卷起，做成棒寿司。然后在鱼皮那面放上步骤2的白板海带，使其融合。用同样的方法再做1根。
5. 切成适合食用的大小。

千日诣

京都的房子多为木结构，直到现在，祇园的街道中、上京区西阵一带匠人们的住所附近依然可以看到长屋。因此，京都人最怕火灾。天明大火是自应仁之乱以来京都史上最大的一次火灾。这场可怕的大火导致京都市街八成以上化为灰烬，损失惨重，代代皆知。因此，不仅我们这样的料理店，就连普通家庭的厨房里也大都贴着“阿多古祀符 火迺要慎”的符贴。这是位于嵯峨爱宕町的爱宕神社的神符。爱宕神社供奉火之神——迦俱槌命神，是全国约九百座爱宕神社的总神社。京都人满怀尊崇，亲切地称之为“爱宕先生”。

据《记纪神话》记载，迦俱槌命是伊邪那美（日本神话中的母神）与伊邪那岐（日本神话中的父神）所生之子。爱宕神社每年都有一个祭神活动叫“千日诣”。所谓千日诣，又叫作“千日来”，据说如果在七月三十一日夜晚到八月一日清晨之间，登上火神居住的爱宕山参拜，便会获得一千天的庇佑。那日，全国各地的人们都前来参拜，也会为没能前来的亲戚和邻居们求得神符。另外，还有很多以参拜爱宕神社为目的的组织——“爱宕讲”，我们家也与其他三十家左右的料理店一起组成了一个“爱宕讲”组织。我随身带着爱宕的护身符，每日开工前都祭拜火神。

东京赤坂店的后厨有爱宕神社的护符及富冈铁斋的“火用慎”（小心用火）。

七月三十一日晚上举行的夕御馔祭。“山伏”[①]执行的护摩焚火的祭神仪式。照片：竹下光士（来自ainoa公司，很多自由摄影师都借助这个网络平台发布并售卖自己的作品。为了方便查询，这里保留公司英文名，网上可以查到）。

火既令人敬畏，又作为神灵象征着文明。只有人类可以有效地利用火源火种，比如用火做饭。如之前所述，日本人认为食物皆由神灵所赐。对于神灵馈赠之物，人们要先将其清洗干净。再者，神灵所赐之物皆是完美之物，而保护此物完整的正是包裹食物的皮，因此第二步便是削皮，甚至连能吃的皮都会削掉。削皮后的食物会有辣味、苦味、涩味、怪味等。然而，这些味道并不是食物本身的味道，还需要用火对其进行加工，比如煮、煎、烤等。要使食物充分发挥其本身固有的味道，需对其进行适当的烹饪。我认为最终拯救了人类的食材是大米和大豆。大米富含蛋白质和糖类，又可以连续生产，与小麦相比，具备高产优势，可以养活更多的人。而大豆本身因含有胰蛋白酶抑制剂，生吃会产生腹痛现象，所以必须加热才能食用。由此可见，只有会用火的人类才能将其转换为可食之物。

诸多烹饪方法中，日本人对“直火烤炙”有种特别的感情，而对食材也有一种时令情结，即在特定的时节必须吃特定的食物。比如春天吃笋，夏天吃香鱼，秋天吃松茸。日本境内多山，国土的百分之七十左右为山地和丘陵，大大小小的河流更是不计其数。因此，日本一年四季都不乏山珍海味，且日本人自古以来都珍爱各种大自然的馈赠。尤其是香鱼，它的美味就在于其腹部独特的苔香味。虽说烤香鱼只需盐，但必须使用本土盐，用国外盐烤炙的银鱼味道则稍显逊色。“菊乃井”盐烤香鱼的理想状态是只需三口[②]。如上所述，香鱼是整条鱼连带内脏一起食用的，因此务必不要烤过头，且需格外注意烤制方法，让脂肪沉积在头部。一条好的烤香鱼可以让顾客品尝到三种不同的美味，即鱼头香脆、鱼肉柔嫩多汁、鱼尾酥脆。大小也很重要，最好略大于手掌。烤香鱼还需要用炭火烤制，而炭火烤制既可以产生远红外线，又可以产生近红外线。红外线的辐射热能使食材表面均匀且快速受热，进而使食材硬化，起到将其内部鲜味封存的作用。我期盼着人类能开发出更好的燃气烹饪器具，使得人类运用炭火烹制食物的效果更上一层楼。

---

①：在日本各地灵山修行的人被称为山伏，属于他界，也就是死后世界的人。日本人相信山伏具有灵力，可以来往于他界和现世。

②：香鱼是一种很小的鱼，头、身、尾全部可以食用，给人的味觉体验各有千秋。所以，咬三下就能将一条香鱼吃完，三口品味不同部分，体验三种味蕾的感受。

用备长炭烤制的应时盐烤香鱼。炭火的好处是有远红外线和近红外线两种效果。既能通过表面硬化来封存鲜味，也能让内部快速受热烤熟。烤制时迸发出的“嗞嗞”的灼烧声，散发出的阵阵熏香味，又何尝不是另一番美味。

用烤香鱼头和香鱼尾制作成汤汁，用此汤汁做成的香鱼细面味道鲜美。它巧妙地融合了香鱼的鲜味与香味，在炎热的夏季甚是让人迷恋。碗、盆/漆器：畠中昭一制作。

香鱼细面

食材（4人份）：

香鱼 4条
蓼草叶 适量
生姜 适量
挂面 200克
汤汁 1200毫升
淡口酱油 50毫升
盐 10克
甜料酒 5毫升

做法：

1. 制作蓼草粉。用微波炉（600瓦）加热3～4分钟，将蓼草叶烘干，然后取出，用食品处理器打成粉末状。
2. 将香鱼头尾切除，撒上足量的盐（食材外的量），两面烤至金黄。头尾也要分别烤一下。
3. 将烤好的鱼头和鱼尾放入汤汁中煮5分钟左右，过滤后再放入调味料。
4. 将煮好的汤面和烤好的香鱼盛入碗中，倒入加热好的步骤3的汤汁。最后，撒上蓼草粉、生姜丝作为点缀。

精灵

说到精灵，你会想到什么呢？你也许会充满好奇与不解，但在京都，“精灵”是指祖先们的灵魂，而为迎接先祖灵魂归来的仪式叫作“盂兰盆会”。相传在《盂兰盆经》的教义中，“盂兰盆会”原本是释迦牟尼的弟子目连在七月十五日供奉供品，以拯救陷入饿鬼道的母亲而举行的法会，后来演变成供奉祖先亡灵的活动。京都人格外重视敬奉祖先，我们家每逢祖父、祖母以及父亲的月忌日，都会带着花和日本莽草去扫墓，和尚也会前来诵经。直到现在，每个地区都会过盂兰盆节，但不同地区的祭祀仪式不尽相同，具体说来有点冗长，稍后再详细说明。

我们会在八月十一日前前往六道先生（珍皇寺），敲响迎灵钟，向写有祖先名字的塔婆[1]洒上水，将其供奉起来。虽然正值酷暑，但儿时的我总是跟着一起去，只期待着回家路上可以吃到美味的西瓜味刨冰。之后，再去我们的菩提寺——本能寺完成迎接祖先灵魂的仪式。一般情况下，盂兰盆会是在十三日至十六日期间举办，但是由于我们菊乃井家的创始人，也就是我祖父的忌日是十一日，所以我们家大概是在十一日至十五日期间举办。这期间，我们每天都会做精进料理供奉给“精灵”。具体包括稍后详细介绍的能平汁以及黑昆布煮物、拼盘煮物等。所有料理都是精进料理，就连汤汁也是。虽然味道清淡无比，但是好在可以充分品味食材本身的味道。其中的黑昆布是常食之物，每逢带八之日必做，可以说是一道万能菜。也有些家庭在盂兰盆节的最后一天，用黑昆布做一道送别菜供奉神灵，而且据说在门口洒上煮黑昆布的汤汁，以恭送精灵平安归去。另外，最后一日还会供奉特产团子，也称为送神团子。这种团子用白玉粉[2]做成，呈扭转形状，有白色和茶色两种，我家供奉白色那种。我们从小就被告知祖先们是乘坐扭转形的团子回去的。同样，盂兰盆节的第一天也会供奉迎神团子，它是用白玉粉做成的圆团。无论是哪种形状，都作为供奉神灵之物而深受人们喜爱。十六日举行的家喻户晓的大文字送灵火仪式也意味着盂兰盆节的结束。在大人们看来，盂兰盆节是缅怀祖先、思念家人的重要日子；而在孩子们看来，则是能与叔叔阿姨们、堂兄弟们相聚在一起的一次亲戚大团圆，是他们暑假期间尤为期待的一件事情。

日本人非常尊重自己的祖先，祖先崇拜是日本人精神生活的一部分。法事从初七开始，共举行三十三次，有的地方甚至会进行五十次吊唁。从前的人们认为这段时间里，逝去的祖灵会回到家中。精进料理的始祖也是日本曹洞宗的开宗祖师——道元禅师，其著作《典座教训》中详细阐述了这一精神。日本的精进料理来自寺庙料理。它不仅禁用肉类、鱼类等食材，更主张使用简单质朴的食材。大约八百年前，作为素食料理广为人知。面对来自大自然的馈赠，人们格外讲究将其烹饪成美味且享用殆尽。因此，人们集中智慧，使得各种烹饪方法也随之发展起来，尤其是“煮”，甚至可以

莲叶上盛放着小菊瓜、茄子、冬瓜、莲藕、京都四季豆、小芋头、小青椒等素菜。莲叶上的滴滴朝露，颇具夏日风情。京都在盂兰盆节期间会将蔬菜和水果盛放于莲叶上，供奉佛龛。同样，八月十五日早晨，用莲叶包着蒸好的糯米饭，供奉佛龛。

---

①：卒塔婆，简称“塔婆”，也称“板塔婆”，一般指“为了追善供奉，写经文或题字，立在墓后的塔形竖长木片”。

②：白玉粉是由糯米去壳直接加水研磨成浆，再经过脱水干燥而成的。

八月的茶室风貌。天龙寺平田精耕老师笔下的达摩挂轴、莲花和鬼灯花形状的香合。

素菜汤汁的食材（从上到下）分别是大豆、葫芦干、昆布、干香菇。料理不同，使用的食材及其比例也略有不同。

说这种烹饪方法是随着精进料理的发展而发展起来的。12世纪，荣西、道元等“入宋僧”将中国的禅宗传入日本。随后，禅僧的饮食文化也传入日本，进一步影响了日本的饮食文化。豆腐、豆皮的出现极大程度地丰富了日本料理，作为日本料理基本的“汤汁”也是从那时发展起来的。另外，所谓的京都料理也深受精进料理的影响。食用某种食物便意味着剥夺其生命，因此要格外珍惜，不可浪费一点粮食。日本人有根深蒂固的禅学思想，他们认为食物牺牲了自己的生命而成为人们的腹中之物，因此在食用时饱含感激之情。

作为供奉神灵的食物，能平汁（前）和煮黑昆布是必备食物。每个月中带八的日子（八日、十八日、二十八日），村田家都会食用黑昆布。

能平汁

食材：4～6人份

白萝卜 1/6根
胡萝卜 1/4根
油炸豆腐皮 1/2张
葫芦干（干货、10厘米长）8根
早煮昆布（10厘米长）8根
魔芋片 1/6张
干香菇 6个
小芋头（小）8个
京都四季豆 4根
精进汤汁 1升
（将昆布、干香菇、煎黄豆在水中浸泡半日后加热，熬成汤汁）
淡口酱油 25毫升
盐 1小勺
水溶性板栗粉 适量
生姜泥 2小勺

做法：

1. 用菜刀在魔芋片的两面深切成格子状，呈2厘米×3厘米×5毫米大小，焯水加热后捞起。
2. 用菜刀将小芋头削皮并切成两半，将油炸豆腐皮切成4厘米×1厘米长的条状。用盐（食材外的量）揉搓葫芦干，并用水将其泡发，并且要多次更换水，拧过水分后打个结。早煮昆布也用水泡发后打结。白萝卜、胡萝卜切成5毫米厚的银杏状（在圆形物体中画个十字，四等分后的形状即为银杏状）。精进汤汁中的干香菇切成两半，京都四季豆切成3厘米长。
3. 在锅中放入精进汤汁、根茎类蔬菜（白萝卜、胡萝卜、小芋头）、魔芋片、葫芦干结、昆布结、油炸豆腐皮、干香菇等，煮至根茎类蔬菜变软后，加入淡口酱油、盐调味。其次，加入京都四季豆，煮沸后关火。然后，加入水溶性板栗粉，再次烧开后勾芡。最后，在碗里放入磨好的生姜泥。

一年两次的休假回家日

说到“工作服”，总给人一种拘束压抑的感觉，但其原意并非如此。它又写作“四季施”，是指店铺老板或雇主根据季节变化挑选的佣人应季穿着的和服。一年两次的休假回家，是指每逢盂兰盆节和春节（小正月），佣人都获准回家探亲。那时，雇主会为佣人置办新衣服、新鞋等。准确地说，是指旧历一月和七月的十六日，七月也被称为“后假期”。一月十五日是小正月，七月十五日是盂兰盆节，它们的次日便是休假回家日。据说这两日让佣人回家，是为了让他们参与自己家乡的大型活动。然而，现在已经很少有商家让员工这两日休假回家了，甚至很多人都不知道这一年两次的休假回家日。但是，我母亲说这是传统，所以我们京都的总店仍然保持着这样的习俗。

每到这个日子，母亲就会把所有的员工逐个叫到房间，说着“我觉得这件很适合你，你穿穿看”之类的话，送给他们开领短袖衫、衬衫等，这便是我前面所说的“工作服”。虽说现在的孩子收到新衣服时，也许并不像古时候的孩子们那样兴奋，但是于我母亲而言，这些孩子都是别人家的父母托付给她的孩子。所以她总是带着这样的心情赠送给他们新衣服，而孩子们回来时也总是带着自己家乡的特产送给母亲。我以为这是员工们约定俗成的一件事，但事

员工们返工时都会带来家乡特产。图为濑户内的员工带来的小鱼干、葫芦干之类的干货。

实并非如此，他们是自发的，连最小的员工都会主动买特产回来，我想这便是“心心相印”吧。

我的母亲比我更了解我们店的员工。虽说料理之类的工作是由我来教他们，但是教导他们规矩、礼仪等的是母亲。有一次，一个来自濑户内的孩子买了特产回来，但是他在包装纸上写着裙带菜、干虾，还系着死结。母亲看到后立即将他训斥了一顿，“孩子，很感谢你大老远特意带礼物给我们，但是我必须告诉你，你这样的做法太不恰当了。首先，死结是用于希望一生只有一次的喜庆之日时，比如可用于结婚贺礼。其次，怎么能在包装纸上这么粗糙地写字呢？尽管是礼物内容也不可以写在这里。希望你牢记这些，以免将来踏入社会后被人取笑”。再如，母亲会教导他们不可以站着打开拉门，不能踩到门槛以及榻榻米的包边等。因此，一些年轻员工在母亲面前格外紧张，有时甚至紧张得手脚不听使唤。此外，员工餐的菜品也是由母亲决定。每天，员工问母亲员工餐做什么时，母亲都会思考一下，比如，她会说“白天做了炒菜，晚上就吃煮鱼吧。持续吃油腻的东西对身体不好”。就这样，母亲虽然在礼仪上要求严格，但是非常关心员工们的身体，并且经常与他们聊天谈心。如果她看到某位员工脸色不好，就会上前询问、关心一番，或者让他去吃一块蛋糕、喝一杯咖啡，并且说“没事，我不告诉老板，快去吧”之类的话。此外，员工们有事不知如何向我开口时，也都会找母亲商量。

我们店老板与员工们相处融洽，整个店内其乐融融，这对料理店非常重要。因为一个人是做不好料理的，一个好的团队才能做

夏季的休假回家日正值盂兰盆节。这期间多食用精进煮物，有昆布、葫芦干、香菇等。虽然食材质朴，但是慢火熬炖的煮物饱含了各种食物的鲜美。图中食器是安土桃山时代的黑织部沓形碗。

出绝佳的料理，才能塑造一家好的料理店。由此可见，料理也需要团队精神。比如烹饪环节有负责煮物的人、煎炸的人等，还有负责装盘的人、端给客人的人。说到整个料理店，还有负责迎宾、打扫等工作的人。一个店需要诸多岗位，所有人必须团结一致、齐心协力，才能制作出最好的料理来招待和服务客人。我的祖父——菊乃井的创始人常说，“人和食物都不是一次性消费品”。作为经营者，必须要有照顾员工一生的意识，因为凡是来我们店里工作的人，必定前世与我们有缘。我们也帮助一些员工找到了出路，成就了事业。比如，有些员工离开菊乃井后创立了自己的料理店，其中固然还属日料店最多，但也不乏意大利餐厅、寿司店、乌冬面店等。祖父所说的“一次性消费品”，其实是在教导我们“要买最好的食材，而且要将其从头到尾全部用完，不能扔掉其中的任何一部分”。精进料理的思想认为使用殆尽的食材也能成佛。在下文中，我们将精进煮物所需的具体食材及做法介绍给大家。另外，巧妙地使用不定时的干货也是京都料理的一种传统，而制做昆布卷、葫芦干卷等正是料理店特有的技能。

精进煮物

昆布卷

食材:

早煮昆布（干燥）45克
葫芦干（干燥）适量
盐 少许
酒 550毫升
白糖 15克
浓口酱油 15毫升
甜料酒 5毫升

做法:

1. 锅中倒好550毫升酒与等量的水，将昆布放入浸泡20分钟。在盆中倒入少量水和盐，将葫芦干放入该盆中反复揉搓后倒掉盆中的水，然后更换新水继续揉搓。这样的动作重复多次，直到葫芦干清洗干净为止。最后，将其竖切成两半。
2. 待昆布泡软后，将其从一端卷起，用葫芦干系两下。把成形的昆布卷均匀摆放在略大一些的锅中。
3. 将步骤1中用来浸泡昆布的酒与水全部倒入步骤2的大锅中，为了防止食物漂起，盖上锅中盖，大火熬煮。沸腾后改中火，继续煮20～25分钟。待昆布变软后加入白糖，5～6分钟后取出锅中盖，加入浓口酱油和甜料酒，再次盖上锅中盖煮10分钟左右。
4. 待汤汁变少后取出锅中盖，调成中小火，一边搅拌一边熬煮，直至汤汁收干。最后，切成合适的大小装盘。

甘煮干香菇

食材（4人份）：

干香菇 20克
（用500克的水浸泡一晚）
调和汁

- 干香菇的泡发水 200毫升
- 汤汁 200毫升
- 酒 30毫升
- 浓口酱油 20毫升
- 甜料酒 10毫升
- 白糖 3克

做法：

1. 将干香菇用水泡发，切除香菇蒂下面最硬的根部。
2. 将处理好的干香菇放入锅中，倒入调和汁，盖上锅中盖，用中火煮至汤汁变少。煮好后，将整个香菇蒂切除。

鳖甲煮[1]葫芦干

食材（4人份）：

葫芦干（干燥）40克
盐 适量
调和汁

- 汤汁 600毫升
- 浓口酱油 55毫升
- 白糖 10克
- 甜料酒 20毫升

做法：

1. 将葫芦干放入盛有少量水和盐的盆中反复揉搓后倒掉盆中的水，然后更换新水继续揉搓。这样的动作重复多次，直到葫芦干清洗干净为止。
2. 将步骤1的葫芦干放入加了少许盐的开水中，盖上锅中盖，煮至其变软为止，然后将其泡在水中。
3. 将拧过水分的步骤2的葫芦干放入锅中，倒入调和汁，煮开后盖上锅中盖，改用中火煮15分钟左右（中途拿掉锅中盖，煮至汤汁收干）。最后，切成合适的大小装盘。

---

①：是一种用白糖、酱油等调料熬煮的烹饪方法，因颜色呈鳖甲色而得名，白萝卜等食材经常用这种方法烹饪。

重阳

大概在九月九日重阳的前一天或再前一天，菊乃井的每个分店都定于此日开张，露庵菊乃井和赤坂店也是如此。此外，重阳也被定义为菊花节，于菊乃井而言也是意义深远。

正如之前所述，日本的传统节日源自中国历法。中国的阴阳思想认为奇数的阳代表吉，偶数的阴代表凶。一年中的五个节日分别是：三月三日的桃花节、五月五日的端午节、七月七日的七夕节、九月九日的重阳节以及一月七日的人日节。其中的一月较为特殊，不是一月一日，而是一月七日，一月一日另有所指。另外，阳数重叠成阴，所以当阳数中最大的个位数字九重叠在一起时，就变成了最大的阴数，因此九月九日是个极不吉利的日子。据说人们为了消除阴气，便在此日举行驱除邪气、祈求长寿的活动。据说中国的这种思想首先传入了日本的宫廷，又与日本原有的风俗习惯和四季结合，相互交融，便形成了节日。旧历的九月九日也正值农作物的收割期间，也许正是基于此因，人们在庆祝丰收的同时，也祈祷长寿，逐渐形成了今日的重阳节活动。

说起重阳节活动，首先想到的便是棉絮。相传人们在重阳节前日给菊花盖上一层棉絮，次日早上用这些含有露水的棉絮擦拭身体，以此来期盼健康长寿。此外，人们还会饮用漂浮着菊花花瓣的

把切成细长条形状的甘鲷鱼摆放成杉树形[①]装盘。撒上菊花花瓣，配上水前寺的海苔与山葵。使用的食器是古染付菊向付（指日本料理中置于饭菜对面的器皿，通常盛放山椒味噌之类简单的食物），它外形时尚，两朵菊花重叠相印，华丽中透着闲静与寂寥之感。食器：梶古美术出品

菊花酒，在屋里摆上菊花等。虽然时至今日过重阳节的家庭已经为数不多，但据说江户时代前，它作为一年中五个节日的最后一个节日而备受重视，盛行一时。

在此，我想谈谈我家店名——菊乃井的由来。听说我家祖先曾是跟随北政所从大阪城来到高台寺的一名司茶者。到了祖父那一代，开始负责守护“菊水井”的工作。这个菊水井位于下河原，现在由我的表弟守护着，想必以前也一定属于高台寺领域。而且，据说这菊水井的水在京都东山的名水中地位最高，是正五位，井从正上方看就像菊乃井的花纹一样。其实，京都有两个菊水井，另一个在祇园祭的菊水鉾町。我的祖父一直用菊水井的水做饭。到了父亲和我这一代也一直坚持着这样的习惯。祖父常说：“不用菊水井的水，就不能称为菊乃井料理。菊乃井料理的根本就是菊水井的水。”现在，我们在京都店和东京店的自家地盘内都打了180米深的井，水质检查显示这些井水与菊水井的水质完全相同，所

装饰架上挂着一个插着茱萸的布袋，该布袋出自云上流[2]有职造花，这一习俗与中国的故事有关，据说古代的中国人重阳节时佩戴插着茱萸的布袋登高。

九月九日，京都的市比卖神社（京都市内专门针对女性的神社）供奉着菊花酒，上面漂浮着菊花，还有覆盖着棉絮的菊花。照片提供：中田昭（ainoa）

以我们家的料理仍然沿袭着祖父时代的习惯，即用抽取的井水做料理。另外，每逢重阳节，祖父和父亲都会邀请老主顾来店里一起举办赏菊宴会。中国文人陶渊明有一首诗中写道：“采菊东篱下，悠然见南山。”这一天，店里会挂上写有此诗的挂轴，把菊乃井比作东篱，遥望南山，品饮菊花酒，还请了菊水鉾町的专业人士来伴奏，办得有模有样，很是热闹。据说，因为重阳节正值换季之时，人们大都刚刚忙碌完一整个夏季，身体疲惫乏力，所以也希望饮用菊水井的井水和菊花酒，借此调整身体，恢复精力。我们菊乃井一年四季都使用带有菊花样式的食器，挂轴、屏风等道具也都带有菊花之意。我的父亲曾觉得菊花有点土，并不喜欢菊花。确实，大朵的菊花与料理店和料理的格调并不搭配。不过，野菊之类的小花轻盈可爱，别有一番风味。在此，我们介绍一道料理——菊花拌甘鲷鱼，将它盛放在带有寂寥风情的古染付瓷器中，再来一杯菊花酒，是不是顿时让人心生惬意呢？

---

①：多指刺身等的一种装盘方式，像杉树一样，呈现高耸、直立与蓬松感。

②：有职造花是一种花道，源于京都的宫廷文化，贵族府邸的室内空间常常装饰有硕大的花球或花饰壁挂，并以紫、白、红、黄、绿五色帛为悬垂物，非常有立体感。“云上流”是有职造花的一种。

菊花拌甘鲷鱼

食材（4人份）：

甘鲷鱼的肉身（去除内脏等部位的可食用的部分）200克
盐 1克
酒 适量
昆布（用于做昆布卷，长、宽均为20厘米）2张
醋 少量
菊花 1朵
黄柚子皮 1/5个
水前寺海苔 适量
山葵 适量
调和酱油 1人份10毫升
（浓口酱油、汤汁、柑橘汁按2∶1∶0.5的比例调和而成）

做法：

1. 将甘鲷鱼的肉身切成5厘米长、6～7毫米宽的条状。
2. 撒上盐腌渍1小时。这时，酒已将昆布泡发得湿润有黏性，再用此昆布将鱼卷起，继续静置1小时左右。
3. 将步骤2的甘鲷鱼放入碗中，加入醋、菊花花瓣、切成丝状的柚子皮，搅拌均匀。然后，盛入容器中，添上山葵泥以及用水泡过的水前寺碎海苔。最后，淋上调和酱油。

菜肴、米饭与煮物

主食——米饭

你知道十一月二十三日是什么日子吗？它是日本的勤劳感谢日，来源于宫中祭祀活动“新尝祭”。当十一月有两次或三次卯日时，皆定于第二个卯日。飞鸟时代以来也一直备受重视，为了庆祝五谷丰登，天皇会举办祭祀活动，将新收获的谷物供奉于诸神灵前，并且食用。次日的二十四日会举办丰明节会，两者都是秋季代表性的宫廷仪式。二十四日亦是“和食日”，是为了让人们重新认识和食文化的重要性而设立的。为此，这一天的学校供餐格外用心，都会使用本地食材，比如米饭、味噌汤、鱼和蔬菜等。提到饮食教育，也许大家会觉得有些困难，但是其实生活的智慧就体现在我们日常的料理中。通过食用本地食材，让孩子们知道自己的家乡产什么农作物、可以做什么料理等，这一点非常重要。

日本从绳文时代开始食用大米。相传与《记纪神话》中天孙降临的故事有关。据说天照大御神在其孙子琼琼杵尊降临大地时，赐

与时令食材一起蒸煮的菜饭，有一种不同于白米饭的美味与风味，让人情不自禁地想要尽享秋季的味道。秋天的菜饭（从左往右顺时针方向）分别有：零余子饭、栗子饭、什锦饭、菌菇饭、银杏饭。盛饭的碗也要选择带有秋天风情的碗。食器：梶古美术出品

予他稻穗，让他为人类生产大米。他的名字从日语发音来看也是别有用意，有代表稻穗的发音部分，也有代表热闹的发音部分，寓意稻谷丰收，因此被称为五谷丰登之神。古人认为大米是天照大神所赐之物，因此每到秋收之时都会将其供奉于神灵前，以表感谢之情。而且听说水稻原本就有“生命之根”之意。大米原产自中国的长江流域一带，这一点已是毋庸置疑的。向西传播发展成长粒型印度稻；向东传播，便有了日本产的短粒型日本稻。据说水稻种植最

初先传入九州，很快便普及青森县的北部。因为大米可以连作，所以与其他农作物相比，同一片土地可以养活很多人，效率极高。米饭当然需要用水将米煮熟，日本的水是软水，水质的好坏也决定着米饭的口感。另外，米和水可以酿酒，米又可以做成米麹，再做成味噌、酱油。毫无疑问，大米是日本人和日本料理的基石。我们平时吃的米饭是粳米，而红豆饭和年糕用的是糯米。日本人巧妙地利用它们各自的特点，制作着各式各样的料理和点心。

现在，很多料理店都用土锅蒸煮的热腾腾的米饭作为日式套餐的收尾菜，而开启这一模式的正是我本人。这要追溯到三十多年前，当时我提议要配合客人的用餐节奏，让客人享用刚刚出锅的米

菊乃井使用的米是产自山形县的“艳姬米”，我们都是直接订购低农药产品。

饭。虽然大家都说这种做法过于麻烦，难以实施，但是如今已成为诸多料理店的日常模式。在我看来，法国的一流餐厅皆是提供刚烤好的新鲜面包，而日本人也明明知道刚煮出来的米饭最好吃，但料理店却都不这么做，着实奇怪。人们常说“欧洲人的血是用红酒、肉是用面包做的”，而“现代日本人的血是用日本酒、肉是用米饭做的”。日本人饮食的根本还是米饭，而且对于刚煮好的米饭有着特别的追求。

菊乃井用砂锅提供刚煮好的米饭。其诀窍是，为了不留下糠臭味，要马上倒掉最初放入的水，为了不让米坏掉，要轻轻搅拌。

以前的人每人都有四个盛米饭的饭碗。我与我夫人交往时，我母亲会让我问她用哪个碗盛饭。他们认为食器也需有季节之分，比如夏天用夏季专用碗，冬天用冬季专用碗。他们很难想象如果没有这样的规定会是怎样的情形，比如家人都用同款，冬夏也用同款。他们认为如此的区分非常重要，甚至希望拥有自己的筷子盒，可以在夏天使用夏季专用筷，冬天使用冬季专用筷。

我想问你：你是如何思考每天的饮食的？你有认真思考每天的饮食吗？这一点非常重要。说到这里，必须提一下美山庄的上一任老板——中东吉次先生。他无论走到哪里都随身携带着自己的筷子，还常说：“料理人的筷子就像武士的刀一样，要随身携带。”

秋天是收获新米之季，人们一家团聚，怀着感恩的心享用刚煮好的米饭，表达丰收喜悦之情。我认为这才是真正奢侈丰盛的大餐。

菊乃井都是用土锅提供刚煮好的米饭。为避免留下丝毫的糠臭味，诀窍在淘米过程中。第一遍倒入的水要马上倒掉，之后淘米时也要轻轻搅拌，目的是避免大米成分遭到破坏。

煮米饭的方法

1.将水倒入盛有米的盆中后马上倒掉（图a）。
2.再次加入水，轻轻搅拌，然后换水。维持同样的动作，共换水三四次（图b）。最后一次淘米水的浑浊度可参考照片所示（图c）。
3.用漏盆将淘米水沥出，静置30～60分钟。
4.在锅中注入与米同量的水（如果是新米，水量减少）。
5.用大火煮10分钟后，调成小火再煮10分钟。然后突然调成强火再关火。最后焖10分钟即可（图d）。

a

b

c

d

零余子饭

食材:

大米 3杯
零余子 180克
黄柚子皮 适量
煮米饭用的调料（提前搅拌好）

- 盐 1小勺
- 酒 1大勺
- 汤汁 3杯

做法:

1. 大米洗净，放在漏盆中控水30～60分钟。
2. 零余子洗净，柚子皮切成小块。
3. 在土锅中放入步骤1的大米、煮米饭用的调料、零余子。用大火煮10分钟后，调成小火再煮10分钟。然后突然调成强火再关火。最后焖10分钟即可。
4. 煮好后搅拌一下即可盛出，最后撒上柚子皮。

栗子饭

食材:

大米 3杯
栗子（将外层硬皮与里面软皮剥去）180克
煮米饭用的调料（提前搅拌好）

- 盐 1小勺
- 酒 1大勺
- 汤汁 3杯

做法:

1. 大米洗净，放在漏盆中控水30～60分钟。
2. 将栗子切成合适的大小。
3. 在土锅中放入步骤1的大米，煮米饭用的调料，步骤2的栗子。用大火煮10分钟后，调成小火再煮10分钟。然后突然调成强火再关火。最后焖10分钟即可。

菌菇饭

食材:

大米 3杯
杏鲍菇、香菇、蟹味菇 各60克
滑子菇 30克
煮米饭用的调料（提前搅拌好）

- 盐 1小勺
- 淡口酱油 1大勺
- 酒 1大勺
- 汤汁 3杯

做法:

1. 大米洗净，放在漏盆中控水30～60分钟。
2. 将杏鲍菇切成3厘米长的条状，香菇去根切成薄片。蟹味菇去除根部，掰成独立小朵。滑子菇去蒂，焯水泡发后盛入漏盆中。
3. 在土锅中放入步骤1的大米、煮米饭用的调料、步骤2的各种菌菇。用大火煮10分钟后，调成小火再煮10分钟。然后突然调成强火，再关火。最后焖10分钟即可。

银杏饭

食材:

大米 3杯
银杏（去壳）180克
煮米饭用的调料（提前搅拌好）

- 盐 1小勺
- 酒 1大勺
- 汤汁 3杯

做法:

1. 大米洗净，放在漏盆中控水30～60分钟。
2. 将带着里层薄皮的银杏放入锅中，倒入水使其刚刚没过银杏，然后开火加热。待水沸腾后用勺子底部在银杏上来回滚动，使薄皮脱落。若有部分仍未脱落，则手动剥去，然后将银杏肉对半切开。
3. 在土锅中放入步骤1的大米，煮米饭用的调料，步骤2的银杏。用大火煮10分钟后，调成小火再煮10分钟。然后突然调成强火再关火。最后焖10分钟即可。

什锦饭

食材:

牛蒡 5厘米
胡萝卜、魔芋 各50克
油炸豆腐皮 1/4张
干香菇 3个
鸭儿芹 适量
煮米饭用的调料（提前搅拌好）

- 酒 1大勺
- 淡口酱油 1大勺
- 盐 1小勺
- 汤汁 3杯

做法:

1. 大米洗净，放在漏盆中控水30～60分钟。
2. 牛蒡洗净，切成薄片，放入水中浸泡。胡萝卜削皮，魔芋焯水，皆切成3厘米长的条状，油炸豆腐皮也是同样的切法。干香菇用水泡发，切成薄片。鸭儿芹焯水，切成1.5厘米长。
3. 在土锅中放入步骤1的大米，煮米饭用的调料，以及步骤2中除鸭儿芹以外的食材。用大火煮10分钟后，调成小火再煮10分钟。然后突然调成强火再关火。最后焖10分钟即可。
4. 煮好后搅拌一下即可盛出。最后放上鸭儿芹作为点缀。

菜肴、米饭与煮物

三菜一汤

日语中三菜一汤写作“一汁三菜”，其中的“汁”就是指汤。而日本料理中的汤多指味噌汤。此外，还有三样菜。我们这里的三菜是指：照烧鲕鱼、红烧蔬菜、芝麻拌菠菜。米饭和咸菜不算进去。这种三菜一汤的饮食模式便是最基本的日料模式。如果是本膳料理，除三菜一汤，还有各种各样的美味佳肴。茶怀石料理的话，就会有与美酒相配的八寸①和进肴②。但是，每种料理中三菜一汤的目的各不相同。家庭料理中的三菜一汤用来搭配米饭一起吃，怀石料理中用来品尝最后的茶的美味，本膳料理中象征着权力与权威。其实，日日食用三菜一汤对于京都的普通家庭来说是件很奢侈的事。我幼时常食用“一菜一汤”：壬生菜、油炸豆腐和小银鱼干一起煮成的烩菜。京都的家庭经常做这道菜，因为绿叶蔬菜的加入会产生很多汤汁，所以这道菜既是菜又是汤，与素有“节俭之城”之称的京都不谋而合。

这种三菜一汤的日料模式，既营养丰富，又让人们的味觉得到了充分满足。首先，它很重视应季食材，比如新鲜蔬菜和鱼类等，

三菜一汤

照烧鰤鱼、红烧蔬菜、芝麻拌菠菜、白萝卜和油炸豆腐皮味噌汤、咸菜和米饭，这就是完美的家庭料理。既有时令的鱼和蔬菜等食材，又巧妙地运用了烧、煮、腌渍等多种烹饪手法，各方面都很均衡，日本料理的基石与精髓体现得淋漓尽致。

切、煮、烧、蒸、油炸 五法

“五法”指的是切、煮、烧、蒸、油炸等五种烹调法，是日本料理的基本烹调法。

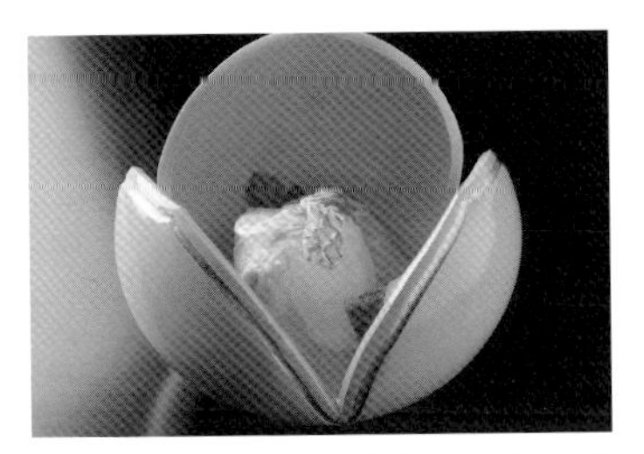

切：料理的切法不同，味道也不同。日本料理中有特色的生食、生鱼片都是用此烹调法。

蒸：利用水沸后产生的水蒸气为传热介质，使食物成熟的烹调方法。火候柔和，能够充分提炼出食材原有的美味。

煮：世界各国都有的烹饪方法。日本料理在保留食材原味的同时，多使用酱油和味噌调味。

油炸：将食物放入热油中加热的烹饪方法。相对其他烹调法出现得较晚，具有代表性的便是天妇罗，现在深受各国人民喜爱。

烧：有直火盐烤、涂上酱油等烤或煎、照烧等多种方法，看似简单却深藏奥秘。

主张充分保留食材的原汁原味。应季食材在营养和味道上都处于最佳状态。再用所谓的五味五法——切、煮、烧、蒸、油炸等五种烹调手法进行加工，赋予其咸味、甜味、辣味、苦味和酸味等不同口感，给人多重享受，让人百吃不厌。食器使用上，也选择富有季节感图案与形状的食器，并且充分考虑瓷器与陶器的平衡。虽说只是日常饮食，人们都会煞费苦心。也可以说正因为是每日饮食，人们才会费尽心思。日本人的细致入微也体现在了这样的日常中，他们热爱季节与自然，生活的智慧帮助他们充分地将其运用起来，不断丰富着餐桌饮食。

法国的孩子非常了解自己家乡的奶酪，包括它们的产季，还有它们是用牛乳做的，还是山羊乳或是绵羊乳做的，等等。这便是饮食教育的一个环节，因为他们要参观当地的奶酪制作坊，学习自己食用的东西是如何制作的。日本各地也都有当地特有的产物，当地居民也几乎每天都会食用，比如咸菜、味噌等。但是，日本又有多少孩子知道自己每天食用的咸菜和味噌是怎么做出来的呢？就拿咸菜来举例，最近很流行浅腌。奇怪的是，日本人讲究吃奶酪的最佳季节，却对咸菜无所讲究，所有食材都要浅腌。就连咸菜店的老板也叹息道，“几乎没有人买经过乳酸发酵的正宗咸菜了。”要知道，这种乳酸发酵的咸菜、本地生产的味噌等发酵食品才代表着日本的饮食文化。家家户户都有自家咸菜、糠床，这些由婆婆传给儿媳妇，子子孙孙代代相传。它们利用自家特有的天然菌成熟发酵，制作成自家独有的咸菜。京都最有名的便是酸萝卜和腌渍紫萝卜。虽然做起来很费功夫，也有一些白萝卜的异味，但是风味独特，让人越吃越想吃。关键是它与白米饭可谓是最佳搭档，你一尝便知。

以前，母亲做饭时总让我给她拿装着干货的罐子。罐子里放着干香菇、胡芦干、干豆皮、羊栖菜等干货，是日常备菜，而且经常用于做散寿司。日本料理很好地利用了这样的常备菜。如果事先做好，就会成为一道绝佳菜肴，而且在人们忙碌之时用它烹饪会很省时间，尤其适合忙碌的早餐。无论是在英国还是法国，早餐都有固定的形式。日本也是如此，但是最近好像有些家庭早上便开始吃比萨。虽然早餐是自由的，只要自己喜欢就好，但是我还是认为日式早餐的传统模式才能代表日本的传统文化，我们应该重视，也应该将其告知大家。

①：八寸通常与美酒一起品尝，菜色包含各种山珍海味，或特殊时令的蔬菜。因为这些小菜的盛放容器皆为长度约26厘米（八寸）的四方形杉木平盘，所以在怀石料理中这种冷菜拼盘被称为八寸。

②："肴"在日语中总是与酒联系在一起，强肴、进肴、追肴多指适合配酒的小菜，可能是拌菜或者醋渍菜，类似于中国的下酒菜。

白萝卜和油炸豆腐皮味噌汤

食材（4人份）:

白萝卜 200克
油炸豆腐皮 1/2张
汤汁 1升
味噌 4大勺

做法:

1. 白萝卜去皮切成3毫米厚的长条。油炸豆腐皮纵切成两半，再切成1厘米宽大小。
2. 在锅里放入汤汁和步骤1的白萝卜，煮开后调成小火，让白萝卜熟透。加入味噌使其化开，再加入油炸豆腐皮，煮沸后盛入碗中即可。

照烧鲕鱼

食材（2人份）:

鲕鱼 2片（肉身 100克）
调和汁
- 酒 30毫升
- 浓口酱油 30毫升
- 甜料酒 60毫升

小麦粉 适量
山椒粉 适量

做法:

1. 首先，将鲕鱼裹上一层薄薄的小麦粉。其次，将适量食用油（食材外的量）倒入平底锅，鱼皮朝下放入锅中煎制。待两面煎至焦黄后，一边倒入调和汁，一边继续煎制片刻。
2. 最后，将煎好的鲕鱼与调和汁一起装盘，再撒上山椒粉。

芝麻拌菠菜

食材（4人份）：

菠菜 2棵
炒芝麻 40克
浓口酱油 2大勺
白糖 1.5大勺

做法：

1. 将芝麻放入研磨碗中，用研磨棒将芝麻磨碎，加入白糖和浓口酱油，搅拌均匀。
2. 菠菜洗净去沙，用开水焯一下后放入冷水中。待其冷却后，将根部那段对齐，拧干水分。然后切除根部，切成4厘米长。
3. 将步骤2的菠菜与步骤1的调味汁放入大碗中，搅拌均匀后装盘。最后，撒上适量的炒芝麻。

红烧蔬菜

食材（4人份）：

干香菇 4个
早煮昆布 4张
莲藕 1/4节
牛蒡 1/2根
胡萝卜 1/3根
魔芋 1/4张
汤汁 350毫升
（包含干香菇的泡发水）
浓口酱油 25毫升
甜料酒 25毫升
白糖 5克

做法：

1. 干香菇用水泡发。早煮昆布用水泡发，并打上结。
2. 莲藕去皮，切成7毫米厚的薄片状。放入耐热容器中，用600瓦的微波炉加热3～4分钟。
3. 牛蒡、胡萝卜去皮，切成无规则的块状。同莲藕一样，放入耐热容器中，用微波炉加热。
4. 用菜刀在魔芋片的两面深切成格子状，切成适合食用的大小。焯水加热后捞起。
5. 在锅中加入步骤1～4的食材、汤汁、调味料，放上锅中盖，煮至汤汁快要收干为止。

菜肴、米饭与煮物

冬季煮物

寒风刺骨的日子里，搭配着比睿萝卜，吃上一锅热腾腾的煮物，别提有多惬意了。京都家庭最常做的便是白萝卜和芜菁煮物。在此，我介绍两种代表性的京都冬季菜肴：鰤鱼白萝卜和鲷鱼芜菁。两者相比，鰤鱼白萝卜更为常见，可以说是家常菜；而鲷鱼芜菁更为高级一些。料理世界里有一种叫作“相遇”的东西，意思是两种食材相互衬托，组在一起创造出更加美味的料理。鰤鱼白萝卜和鲷鱼芜菁便是代表性食物。有趣的是，它们不能调换搭配，也就是说，没有鰤鱼芜菁、鲷鱼白萝卜这样的煮物。如果把鰤鱼与芜菁搭配在一起，鰤鱼的味道会盖过芜菁；鲷鱼和白萝卜搭配，白萝卜的味道又会过强。料理店一般都会将鲷鱼芜菁编入菜单，而不会列出鰤鱼白萝卜，因为这道菜的味道过于浓厚，与前菜副菜等都不相配。也常有人说这道菜过于家常、不上档次，但其实并非如此。是谁说鲷鱼就一定比鰤鱼高贵呢？两者原本都是神灵创造的产物，同样都是自然界的馈赠，然而人类却赋予它们不同的价格，让人匪夷所思。料理人的职责便是将它们的鲜美提炼出来，供人享用。虽说同是煮物，但鲷鱼芜菁和鲕鱼白萝卜的做法却不同。鲷鱼与芜菁分别煮好后再烩到一起装盘，叫作煮物拼盘。而鲕鱼和白萝卜是从一开始就一起煮炖，这样才能使两种食物达到相互融合的效果，比如白萝卜的辛辣味可以有效消除鲕鱼的腥味，而鲕鱼的动物性胶质也可以综合白萝卜特有的味道。另外，以前的食谱上写着要一边煮一

鲷鱼芜菁（左）和鲕鱼白萝卜（右）都是京都的冬季招牌菜。然而，食材不同，烹饪方法便有所差异。鲕鱼白萝卜是将白萝卜与鲕鱼一起煮至色泽红亮；鲷鱼芜菁却是将芜菁和鲷鱼分开煮好后再烩到一起。

边捞去漂起的浮沫，但最新研究表明最好不要去除那些浮沫。我和京都大学的老师们一起学习了有关烹饪的科学知识，还做了相关的实验研究。我们发现，把鰤鱼或者鲭鱼与萝卜一起炖煮时，不去除浮沫的做法更加美味。因为浮沫中含有鱼的脂质和蛋白质，这正是料理鲜味的关键所在。如果去除浮沫，整道菜便失去了肥美与鲜香的滋味。

再说到白萝卜和芜菁，它们是同科不同属，且在外形上极其相似的两种蔬菜。比如京都的圣护院里既有芜菁又有白萝止，但圣护院白萝卜，却是采摘自天王寺的芜菁的种子。分明是同样的种子，在圣护院便长成了个头比芜菁大许多的白萝卜。二者形状也不同，圣护院的厚实而竖长，天王寺的又扁又平，像镜饼一样。当然，不同的风土孕育不同的农作物。风土不同，农作物的形状、大小和味道也会不同。京都人说天王寺芜菁比圣护院白萝卜的水分多，因为圣护院温差较大，白萝卜的肉质也更紧实，纹理也很细致，所以即便同样做成腌渍品，腌白萝卜与腌芜菁的口感也不相同。

我认为白萝卜是日本最基本的菜，正如字面意思，它是蔬菜中的“大根”（日语中写作“大根”）。煮成焦糖色的白萝卜散发出阵阵香味，十分诱人。另外，白萝卜的全身都可以食用，肉身可以煮着吃，也可以蒸着吃，含有丰富的谷氨酸，可以做成营养美味的汤汁。只是简单的煮白萝卜便很好吃了，也可以加盐揉搓后食用，或者将其煮熟后蘸着味噌吃。以前的人们都将白萝卜皮挂在房檐上风干，用这些萝卜皮熬出鲜美无比的汤汁。萝卜叶和茎可以先煎一下

图为位于京都近郊的龟冈芜菁田。这里的芜菁颜色很白，纹理细致、肉质紧实。

腌千枚是京都代表性的冬季咸菜。芜菁切成薄片，夹在昆布里腌制而成。

再煮，也可以拌在米饭里一起吃。京都是精进思想的发源地，京都人崇尚节俭，对农作物充满感激之情。随着秋意渐浓，霜降将至，日趋寒冷，根茎类蔬菜越发甘甜，肉身也愈发紧实。于日本人而言，它们从古至今都是美味佳肴。寒冷的日子里，吃上一锅热腾腾的鰤鱼白萝卜，何其幸福！

鲕鱼白萝卜

食材（4人份）：

鲕鱼 500克
白萝卜 90克×8根
煮白萝卜的水 900毫升
酒 150毫升
浓口酱油 105毫升
溜酱油 22.5毫升
白糖 75克
姜丝 1勺左右

做法：

1. 将鲕鱼的头部切成大小不一的块，肉身切成适宜食用的大小。放入开水中过一下，去除血污，刮掉鱼鳞。
2. 白萝卜削皮，切成大圆片，中间浅划两刀，呈隐形十字。然后放入锅中，并加适量的水，以刚好盖过食材为准，煮至萝卜变软。
3. 另起一锅，放入步骤1的鲕鱼，步骤2的白萝卜，以及煮白萝卜水、调味料，煮10～15分钟。
4. 装盘，撒上姜丝做点缀。

鲷鱼芜菁

食材（4人份）：

鲷鱼头部 2条分量（500克）

煮汁

- 酒 250毫升
- 水 250毫升
- 浓口酱油 40毫升
- 甜料酒 20毫升
- 溜酱油 10毫升
- 白糖 20克

圣护院芜菁 1/4个

煮汁

- 汤汁 500毫升
- 淡口酱油 12.5毫升
- 甜料酒 12.5毫升
- 盐 2.5克

芜菁叶 1/3棵

腌渍汁

- 汤汁 250毫升
- 淡口酱油 15毫升
- 甜料酒 7.5毫升
- 盐 1.5克

黄柚子皮

（切成丝状）

1/3个柚子的分量

做法：

1. 把鲷鱼的头部从中间切开，分成两半。鱼身也切成大块，先放入开水中，再放入冷水中，去除血污，刮掉鱼鳞。
2. 将步骤1的鲷鱼放入锅中，加入酒和水，盖上锅中盖，开火熬煮。烧开后捞去浮沫，依次加入白糖、浓口酱油、溜酱油、甜料酒。
3. 圣护院芜菁切成月牙形，与汤汁一起放入锅中，放在火上加热，煮软后加入调味料，煮几分钟后冷却，使其入味。
4. 将步骤2的煮汁倒掉100毫升，再加入100毫升步骤3的煮芜菁汁，煮至汤汁收干、色泽加深，让芜菁更加入味。
5. 将芜菁叶焯水后放入冰水中，拧干水分。将腌渍汁煮沸后再冷却，然后将芜菁叶放入腌制。
6. 将腌渍好的芜菁叶切成合适的大小后加热，与鲷鱼、芜菁一起装盘，撒上丝状的柚子皮作为点缀。

后之月

我家位于祇园（八坂神社）附近的东山脚下，是赏月的绝佳之地。我在京都总店工作，也可以经常赏月。晴天的夜晚，繁星满天，只要抬头仰望星空，便可以看见明月。望着那轮东山明月，我就会忘记时间，忘记一切，完全沉浸于无尽的宁静与辽阔中。祖母常说："我知道，你们年轻人平日繁忙，没什么闲暇时间，不过，哪怕是一瞬间也好，一定要抬头看看天空。星空与圆月，静谧而明亮，可以治愈人们疲惫的身体与烦躁的心灵。一直低头工作的话，难免会想些无奈之事，人也会变得易怒、烦躁不安。"现在想来，确实如此。可以说，一轮明月，能让疲惫的身体得到暂时的放松，也能让烦躁的心灵得到短暂的休憩。

每年十五夜到十三夜都挂着画有月亮的挂轴，供奉着供品，而且每天都会更换供品。

旧历八月十五日，又到中秋月明时，也叫十五夜。九月十三日是后之月，也叫十三夜。

这幅幽玄之风的挂轴只画有月亮，是江户末期到明治初期著名绘师菊池容斋的作品。图中供奉着栗子和豆子。

据说钟爱满月的习俗始于中国唐代，传入日本是在平安时代后。那时的贵族们赏月之时，吟诗奏乐、泛舟游戏、设宴饮酒。于平民百姓而言，月亮也是身边之物，他们每晚看月亮来预测天气，进而完成从播种到收割的一系列农活儿。对贵族们来说，赏月是一种“观赏”行为；但对于农民来说，它直接关系到人们生存的食粮。据说中国从明代开始向月亮供奉供品，日本也在室町后期开始了类似的习俗，到了江户中期，一般家庭也开始向月亮供奉供品。我喜欢十五夜的月亮，但更喜欢十三夜——后之月的月亮，我总觉得后之月的月亮有一种余韵，让人不由得产生一种惜别之情。而这观赏后之月的习俗，似乎只有日本才有，有人说这一习俗起源于宽平法皇对后之月的赞美，宽平法皇称这一晚的月亮“独一无二”。

此外，像“花鸟风月”“雪月花”这样的词语都表达了日本文化中追崇的自然美、季节美以及日本人的审美意识，这些词语中都含有月亮的元素。在日本人看来，月亮独特而风雅。据说以前只在十五夜赏月，不在十三夜赏月，这样的行为被称为“片见月”，被视为不吉利。那时的人们在中秋之夜，通过看天上的月亮和倒映在水面上的月亮，实现看两个月亮的行为，故而可以不看后之月的月亮。作为供奉品，十五夜供奉芋头，十三夜供奉豆子和栗子。因此十五夜又名芋明月，十三夜又名豆明月或栗明月。关西和关东的团子也不太一样，京都是红豆馅、芋头状的团子。我还记得小时候总是急切地盼着能早点吃上十五夜的团子。每到傍晚时分开始供奉时，我总是问母亲：“团子呢？”母亲总说要先吃晚饭。而吃过晚饭后，团子已经变硬了，我就会抱怨说想吃刚做好的新团子，不想吃这种供奉后变硬的团子。当然，这只是童言无忌而已。毋庸置疑，即使是一家之主也不能先于神灵品尝食物。

说到京都秋天的食材，不得不提松茸。每年都有很多客人慕名而来品尝美味的松茸。有句俗话说："绝香松茸，绝味蟹味菇。"众所周知，松茸香气逼人，风味独特。我想这种感觉只有日本人明白吧。春笋和秋松茸别具一格，季节感极强。这种季节感是日本人的共同意识。日本人对它们的执着就像法国人对松露一样，但感情色彩又有不同。可以说料理并不复杂，好料理不需要多余的加工，说到底还是追求食物本身的原汁原味。土瓶蒸和松茸饭便是代表性料理，更值得一提的便是烤松茸。这个季节，生上炭火，烤上一大盘松茸，蘸上点橙醋，别提多惬意了。听说土瓶蒸原是丹坡一带的乡土料理，将大火炉中土瓶装的热水取而代之，加入松茸，用酒焖蒸。有一次，我小酌了口剩下的蒸酒，意外发现其味道极为鲜美。京都的料理师将其与鲜味十足的海鳗搭配，最终呈现给客人一道高品质料理。最后还要加入柚子汁或酸橘汁提鲜，而且要注意时机。将汤汁盛入小汤杯后再滴入一滴柚子或酸橘即可，否则会破坏这道菜的香味。可惜，最近有些土瓶蒸却加入了鸡肉、虾和银杏之类的东西，像什锦火锅一样。我们料理人也通过对食材的观察、触摸以及闻香来体会季节，感受这份喜悦。

说起京都的秋天，不得不提松茸。这个时候的厨房里弥漫着浓浓的松茸香味。客人最期待的便是烤松茸。活灵活现的炭火烧烤可谓是人间绝味。

将烤松茸与菊菜一起凉拌，也是这个季节的一道典型菜。图中将其盛入菊形的古清水陶碗中，极为高雅。

凉拌烤松茸菊菜

食材（4人份）

菊菜 1捆

凉拌汁

- 汤汁 250毫升
- 淡口酱油 15毫升
- 甜料酒 7.5毫升
- 盐 1.5克

松茸 2个

盐 少量

橙醋 适量

黄柚子汁 适量

黄柚子皮（切成丝状）适量

做法：

1. 菊菜叶焯水后放入冷水中。再拧干水分，放入凉拌汁中浸泡。
2. 松茸切大块，撒上盐。用炭火烤至焦黄，切成大小适宜的块状，再用少量的橙醋拌一下。
3. 将步骤1的菊菜切成适宜大小，与步骤2的松茸一同放入碗中，用剩余的凉拌汁、橙醋和柚子汁调味。最后，将拌好的成品随意装盘，撒上柚子皮丝。

茶道——名残月

十月是茶道风炉季的最后一月，又称“名残月”，即为一个季节的余韵、余音之意，有不舍与依恋之情，故茶道十月亦被称为余韵之月。而十一月是茶道的“开炉月”“开封月”，亦被茶人视为茶道的正月。所谓的“名残”，饱含了人们的惜别之情，一是即将与使用了半年之久的风炉告别，满心不舍；二是即将于下个月拆封新的茶壶，面对茶壶里所剩无几的茶，倍感珍惜。再加上夏日即逝，寒意来袭，十月总是透着寂寥，令人莫名地感觉孤独。十五之后的十六夜，从满月到残月，秋意渐浓。虫儿叫着，风儿吹着，人们也变得怀旧起来。而这个季节特有的食材和食器也充分地展示了日本的“物哀”文化。

食材方面，以带有夏天味道的料理为佳，比如海鳗、秋茄子，为了在秋天产卵顺流而下的香鱼，等等，料理也以纯朴自然风味为佳。而食器方面，同样选择质朴无华的器皿，比如用金缮修复术修复过的瓷器。再比如，盛放同款食物时本应使用同款向付招待每位客人，但有趣的是，每个客人面前的向付都不相同。因未能为来访的多位客人准备好整齐划一的器皿，也充分体现了东道主平日的寂寥之境。金缮瓷器和各式各样的小器皿都作为一种“物哀美”，深深地扎根在日本人的审美意识中。

在茶事的怀石料理中最先被端到客人面前的是米饭、酱汤和头盘。头盘一般是腌渍鲷鱼，日语中将“腌渍”写成“柴渍”，关于这个名字的由来众说纷纭，其中有一个关于隐居在京都大原寂光院的建礼门院德子大人的悲伤故事。据说是因为大原的女子把柴火顶在头

“名残”菜单

头盘	腌渍鲷鱼 土佐醋腌渍的菊花 山葵
酱汤	调和味噌 烧茄子 黑芝麻
米饭	一字饭[1]
煮物	特制清汤 葛粉裹鳢鱼 松茸 四季豆 柚子
烧物	烤香鱼
小吸物	椎子 姜丝
八寸	海胆烧 盐煎银杏松叶串
汤斗	
香物	芜菁甘蓝 共菜

上一边走一边卖，因此从她们乡里进贡来的农家腌渍菜便命名为“柴渍”。温酒锅：梶古美术出品

这种“物哀”风情也体现在料理店的菜单上。从字面意思理解，冷清便是冷清，孤寂便是孤寂。这种审美意识不是只有日本人才能理解。一个法国人曾看着插在陶瓷花器上的一朵椿，感慨自己的近况，不由得悲伤起来。日本有四季，而作为其国民的日本人也有感受四季的心。此外，也有法国人用法式主菜烤鹿肉配上牛肝蕈，再配上酱汁果泥，说“简直就像走在秋天的森林里”。虽然各国文化不尽相同，但是在注重食物本身的味道，感受食物的美好上是共通的。

将烤好的香鱼摆在用北大路鲁山人使用金缮修复术修复过的备前四方钵里，满是凄凉与寂寥。

据说茶是日本高僧最澄从唐朝归国时，由与其一起回国的留学僧永忠带来的。之后，临济宗开山祖荣西将宋朝的茶称为抹茶法，这就是茶道、茶道文化的起源。那时的茶极其贵重，被作为药材食用。到了室町时代，书院式茶道更是以东山时代为界，逐渐演变为空寂茶。众所周知，空寂茶、草庵茶始于村田珠光，经由武野绍鸥传承，在利休居士手中集大成。据说怀石料理起源于16世纪，于18世纪中期基本定型。怀石料理对日本料理的影响颇深，它与以往带有炫耀权力色彩的本膳料理不同，确立了每吃完一道菜再提供下一道

煮物是珍贵的鳢鱼与松茸。

等候室的装饰。挂轴是铃木华邨的残月和菊花，古伊贺的花器里插着芒草、桔梗和萩等。

菜的新模式。它的好处就是我们现在看来理所当然的“趁热吃”。再者，怀石料理其实是为后续的品茶做铺垫，所以为了让人们品味饭后之茶的美味，怀石料理分量适当，也无多余装饰。此外，还体现了茶文化的季节性和趣味性，也从侧面极大地促进了料理文化的发展。

我的茶道老师——里千家的井口海仙老师教了我很多。“在茶室，必须让客人感受到你作为东道主的心情，必须让客人体会到你的惜别之情。”如果说茶室是东道主与客人在精神层面的一个传球与接球之地，那么对于料理店的老板和客人来说也是一样的。简单而质朴的菜单里饱含着惜别之心。不知您是否有感受到？

如今的料理越发地奢华且过于装饰，但我认为越是这样，越要珍惜与追溯怀石料理，越要回到那个时代。茶道注重讲究与品位，需要拿捏得当，恬静素雅，并且伴随着一种有所抑制的紧张感。品位正是蕴藏于此。从器皿的选择到食材的切法都要经过深思熟虑，千万不能随心所欲。带着这样的心意去制作，才会留下余味，因为没有余味与心意的茶，就失去了灵魂。另外，所谓的高雅不仅指精巧、奢华的东西，也包括一些浑然天成的质朴之物。我想，这就是我的菊乃井料理，也是茶道告诉我的。

---

①：里千家茶道，塑造了细长型的被称为“一字饭”的米饭。因为是在上桌前刚刚蒸好马上盛出的米饭，是米饭最好吃的状态，所以给每位客人的饭量只有两三口，但每颗饭粒都闪闪发光，味道极好。

腌渍鲷鱼

食材（4人份）

鲷鱼（上半身）180克
海带（用于做海带卷刺身）适量
酒 适量
盐 0.9克
腌渍菜 50克
山葵泥 适量
土佐醋腌渍的菊花 适量

做法:

1. 将鲷鱼上半身切段（4～5厘米）,然后切成7毫米厚的薄片，再切成7毫米宽的竖条状。
2. 撒上相当于鲷鱼重量0.5%（即0.9克）的盐，洒上少许酒腌渍1小时左右。
3. 将酒洒在海带上，把海带发一发。用海带包住步骤2的鲷鱼，放置1小时左右。
4. 将步骤3的海带卷鲷鱼放入碗中，加上适量剁碎的腌渍菜后搅拌。
5. 将步骤4的成品盛出装盘，配上山葵和土佐醋腌渍的菊花。

茶道——开炉月

十一月的京都被颜色深浅不一的枫叶点缀，有红色、黄色和橙色，格外美丽。届时，北野天满宫会举行“御茶壶奉献祭”。据说它源自天正十五年（1587年）旧历十月一日，关白·丰臣秀吉在北野天满宫举行的一场北野大茶会。每年十一月二十六日举办的这个仪式就像京都的一首秋季风物诗。届时，神职人员一边清扫道路一边走向正殿，身着茶服的女子和身着白服的男子紧随其后，一同将装有御茶壶的唐柜搬进正殿。据说茶壶中分别装有木幡、宇治、菟道、伏见桃山、小仓、八幡、京都和山城等地生产的茶叶。他们抵达正殿后取出壶茶，将其擦拭干净后放置神灵前，便开始举行开炉仪式：在神灵前开封茶壶，将每种茶叶取出，以供奉于神灵。这些供奉于神的茶叶将会在十二月一日的献茶祭上供人享用。

茶道原本讲究时饮时取，即依据当时饮茶之需，从茶壶中取出当时所需茶叶的用量，用茶臼研磨。采摘新茶前，茶壶由茶师保管，待装上新茶约半年后，即到了十一月份，茶壶移交至茶家。茶人开封茶壶，用茶臼研磨，点浓茶（煮抹茶），这便是开炉茶会。十一月是日本茶道文化里一个尤为重要的月份，被称为茶人的正月，开封新茶亦是茶人的一份要职。在我看来，开炉茶会的场面着实盛大。十一月亦被称为开炉月，茶叶以崭新的面貌示人，洋溢着“茶人正月”的清新之趣。十一月就是一个如此特别的月份。

茶道规矩多，我想不少人会觉得有些麻烦吧。但是，在我看来，其本质是待客之心，所以才会饱含心意做到极致。开封茶壶后，静静地、一心一意地用茶臼磨茶。所谓茶事，就是以茶待人，所以享受那份劳心劳力也很重要。就像看到客人饮茶时溢于言表的喜悦之情，自己便会一同开心一样。拿筷子来说，除了日本，中国和韩国也使用筷子，但是每个国家对顶级筷子的定义有所不同。在中国，象牙筷子和金筷子被视为顶级筷子；在韩国则是银筷子。而茶道中将亭主（茶室主人）亲自削木制作的直木纹、两头尖细的杉树筷子视为最好的筷子。杉树轻巧，便于携带，散发着淡淡清香，还有亭主亲自制作等所耗费的心力，饱含心意，可以说这样的筷子独一无二。但是，它的可贵建立在他人理解的基础上，只有充分理解并认同这种心意，且为之欣慰的人才能充分认识到它的难得与可贵。很多人都会在旅行之地购买一些当地特产，即使只是些小礼物，收到的人也会非常高兴。因为比起礼物本身，日本人更看重人的心意。

在我看来，茶道亭主与客人的关系，就如同料理店老板与客人的关系。我一再强调，只有亭主的真诚待客之心是不够的，要二心并行，即亭主的待客之心与客人的接受且享受之心，双方才能满心体会其中的乐趣。从某种意义上来说，开炉茶会的料理比新年后第一次茶会时食用的料理更加丰盛，更值得庆贺。例如使用鲷鱼、虾等具有庆贺之意的食材，颜色款式较为喜庆的食器和挂轴等。虽说十一月是茶人的正月，但说到底，它并非正月，在季节上明显不同。一月份已经渐迎初春，有着春天的华丽之风。而十一月的开炉月是告别十月，即惜饮最后一批旧茶；透着寂寥之风的名残月，开始饮用第一批新茶。为表庆贺，人们会准备些佳肴，比如进肴的“金色伊势龙虾球”（将伊势龙虾肉裹上面粉和蛋黄，炸成金黄色）等。同样的食物，一月份用赤绘金襴手钵装盘，十一月份用琉璃金襴手钵装盘。作为深秋时的一种庆祝方式，人们巧妙地利用蛋黄把伊势龙虾肉炸成金黄色，再配上足量的黄柚子皮作为点缀，像是把

初座的壁龛里，摆放着一个挂着网的茶壶，里面装着用于制作浓茶、淡茶的各种茶叶。

众人期盼的时刻——开封茶壶。茶壶里装着三种半袋的浓茶，周围是淡茶。

秋天的华丽之感全部寄托于满眼的金黄。当然，每个虾球要做成一口就能吃下的大小，以方便食用。此外，摆盘要漂亮，而且既要易于每位客人夹取，还要保证每位客人夹取后，这道菜依然漂亮，这样才能使下一位客人夹取时依然可以欣赏到精致美观的摆盘，让这道菜从始至终地令人赏心悦目。同样，客人在夹取虾球时，也要思考一下自己夹哪个虾球才能不破坏菜肴的美感。这便是双向的同理心。

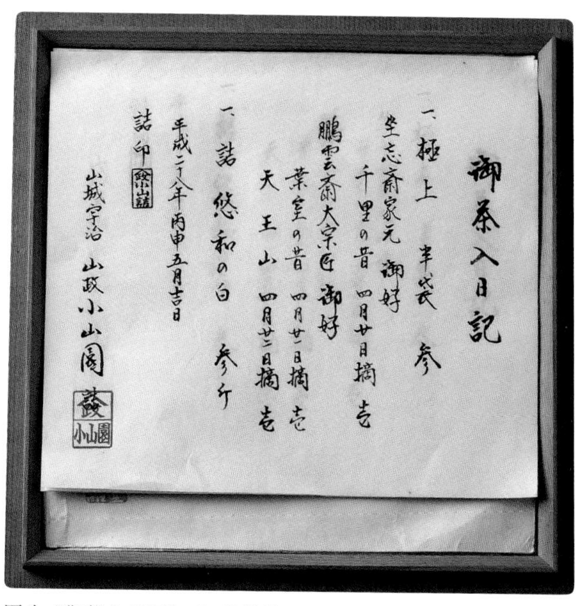

御茶入日記

一、極上　半袋　参

坐忘斎家元　御好

千里の昔　四月廿日摘　壱

鵬雲斎大宗匠　御好

葉室の昔　四月廿一日摘　壱

天王山　四月廿三日摘　壱

一、詰　悠和の白　参斤

平成二十八年丙申五月吉日

詰印

山城宇治　山政小山園

图为“御茶入日记”，记载着茶壶里的各种浓茶、淡茶的采摘日期，以及装茶师的名字。

金色的伊势龙虾球耀眼夺目，盛放在美丽端庄的琉璃钵中。该琉璃钵出自我的小学同学——泽村陶哉之手。我这位发小做的食器颇有京都风味，饱含京都的独特风情，我收藏了不少。

茶道——开炉月

金色伊势龙虾球

食材（3～4人份）

小芜菁 1.5个

- 汤汁 500毫升
- 淡口酱油 12.5毫升
- 甜料酒 12.5毫升
- 盐 5克

豆皮 5张

- 汤汁 200毫升
- 淡口酱油 10毫升
- 甜料酒 5毫升

黄柚子皮（切成丝状）适量

伊势龙虾（500～600克）1只

汤汁 400毫升

白味噌 15～20毫升

酒 100毫升

蛋黄 2个

小麦粉 适量

油 适量

做法:

1. 小芜菁的茎保留3厘米左右，其他切除，芜菁削皮。切成适宜的小块，用汤汁将其煮软，加入调味料后继续熬煮。
2. 将豆皮重叠着卷出层次，两端用竹皮捆住，用加入调味料的汤汁熬煮。
3. 将伊势龙虾从中间切开，取出虾肉，切成一口就能吃下的大小。将虾壳切成适宜的大小。在锅里放入酒、虾壳，盖上锅中盖，加热至酒煮到一半时，放入伊势虾味噌，并使其充分化开后溶入汤汁。最后，用网眼细小的漏斗过滤出最后的汁液。
4. 另起一锅，加入汤汁和步骤3的汁液，并加入白味噌煮开。
5. 将虾肉轻裹一层小麦粉，再裹上打散的蛋黄，低温（150摄氏度）油炸后，浇一层开水以去油。
6. 将步骤5的虾球放入步骤4的白味噌汤锅中稍煮片刻。
7. 将伊势虾球，加热过的小芜菁，切成适宜大小的豆皮装盘后，放上丝状柚子皮作为点缀。

岁暮

每到年末时期，大家都会向一年之中给予自己关照的人们送上年终礼物，以表谢意。这一习俗在日本称为“岁暮”。然而最近，这所谓的“岁暮”活动好像不太流行了。不管是赠送方还是接受方，都觉得有点麻烦。但是，其实年终送礼并不只是送礼物，更重要的是借此机会表达心怀他人的种种心意。比如向许久未见的人传达“好久不见，一切还好吗”的问候，并挑选一份合适的、对方喜欢的礼物送去。对方也会随之回忆往昔，感慨许久未见，附上感谢信以回礼。可以说，通过岁暮这一习俗，人们加强了联系，沟通了心意。所以，这种老一辈的习俗，我们还是要继承下去。

从前，家家户户从十二月十三日起便开始筹备新年事宜了，所以这一天也被称为“起事日”。同时，这一天也是送礼之日，各家商铺，各条花街，人人都会带着礼物和镜饼拜访关照自己的人，分店送给本店、弟子送给师傅等，以感谢其一年来的照顾，大街小巷到处洋溢着岁暮之风。最近大家都关注了一则新闻，祇园甲部的芸舞伎登门拜访京舞井上流的家元——井上八千代大师时的景象。排练厅里填满了各式各样的镜饼，一派腊月的热闹华丽之气象。对于我们料理人来说，十二月十三日意味着一年中最忙的时节要开始了，因为从这日起我们便要着手筹备年节菜了。

由于京都距海较远，所以很难买到新鲜的海产品，再加上以前没有冰箱，新年料理更要讲究保鲜，注意保存。这样的现实与人类的智慧连接，便衍生出了各种干货，比如鳕鱼干、鲱鱼干、干青鱼子、黑豆等。而何时开始制作这些干货，何时再将它们泡发，都是按我们何时要吃进行倒推的。

说到不可或缺的新年料理，青鱼子当属首位。我幼时“深受其害”，被迫参与泡发工作，那段泡发青鱼子的记忆，简直就是我的童年噩梦。大人们总是不停地叮嘱我“注意手，千万不可以触摸，碰一下都不可以”。与其相比，沙丁鱼干更贵。新年过后，我们店便把尚未吃完的青鱼子做成员工餐食用。鲱鱼干如果剩余太多，就撒到田地里化作肥料。然而，今时不同往日。纵观市场，鲱鱼干几乎都是产自美国，干青鱼子更是鲜少见到。每到准备年节饭时，母亲总说现在的干青鱼子口感与以往不同。即使如此，它也承载了我儿时的记忆，在越发难得的今天，我仍然觉得它美味无比。它的口感独特，有点像软糖，很有嚼劲。而且没有丝毫杂味，满口鲜香。不过，因为它的数量极少，所以并未在市场上很好地流通，价格也很高。

这类食材制作时也好，用于料理时也好，都较费事，而且很昂贵，也许有人会简单粗暴地说何不完全弃之。然而，我觉得越是如此，越要将其传承下去，正是这样的食材才承载着不可磨灭的独特文化，我们有义务让其代代相传。从前，说起新年料理，家家户户都会做一道炖菜——海芋头炖鳕鱼干。然而，今时不同往日，坚持

这是赖山阳吟咏除夕情景的诗。诗中描绘了女主人和佣人们忙前忙后，男主人却无所事事的情景。

炖好的海芋头和鳕鱼干盛放在北大路鲁山人制作的织部钵中。小盘子是明代的赤绘钵。虽然现在越来越多的家庭不太做饭，但是作为京都的新年料理，海芋头炖鳕鱼干依然是家家户户一定会做的一道菜。

这一习俗的家庭明显减少。再说到食材采购，以前只要去一趟锦市场[①]，就能买到新年料理所需的一切食材。我们往往在腊月的适宜之际便完成食材的采购工作，以筹备新年料理。年底二十八日，我们便开始捣年糕。显而易见，整个腊月充实而忙碌，小孩子看到此番情景便能立马嗅到新年的气息，满心欢喜地期盼着新年的到来。

对孩子们来说，十二月简直就是天堂之月。他们白天欢天喜地地玩耍，晚上回家就有现成的海芋头炖鳕鱼干，还会边吃边小评一番，比如说今年的鳕鱼干好硬啊，炖海芋头好好吃啊，等等。每年

图中都是新年料理中用到的干货，十二月十三日，即“起事日”以后，人们便在合适的时间将它们陆续泡发。从右上方顺时针方向看，分别是黑豆，新年的装饰必备品——神马草、鳕鱼干、干青鱼子、鲱鱼干。干青鱼子的产量骤减，市场上已鲜少见到。不过，它的口感和鲜味与盐渍青鱼子截然不同，可以说是独一无二的。

除夕夜，也就是年底三十一日的晚上，我都会去八坂神社取白术火，次日的早上，用此火种以及菊水井的清水煮年糕汤。煮好后，先供奉给灶神、弁天神、庭院之神，再自己食用，达到神人共食。年末之际，人们借此时机感念众神，对万物心存感激，以感谢旧的一年，迎接新的一年，是一个辞旧迎新的最佳时机。

今后，我会继续传达与传承日本之魂、和食之魂。衷心感谢每一位读到最后的读者，颂安。

---

①：锦市场是位于京都市中京区中部锦小路通中“寺町通-高仓通”区间的一条商店街。沿线的商铺大多销售鱼、京都蔬菜等生鲜食材或干货、腌菜等加工食品，且老店众多。在这里可以买到众多京都特有的食材，因此又有“京都的厨房”之称。按照中小企业厅的分类，锦市场属于超广域型商店街。除了当地市民，锦市场也和附近的新京极商店街和寺町京极商店街一并成为观光客到访京都的必去之地。也有众多料亭、旅馆在这里采购食材。

海芋头炖鳕鱼干

食材（6人份）

鳕鱼干（泡发后的成品）600克
海芋头 6个
酒 950毫升
砂糖 40克
浓口酱油 200毫升
甜料酒 100毫升
黄柚子皮（切成丝状）适量

做法：

1. 鳕鱼干切成适宜的大小后放入锅中，倒入刚好没过鱼干的水量，开火。待水开后将鳕鱼干捞起，放入冷水中浸泡。将海芋头削皮切成六方体，太大的芋头可以先切成两半后再分别削成六方体，如果觉得麻烦也可以随意切成适宜的大小，然后放入水中浸泡。
2. 将步骤1的海芋头和鳕鱼干放入锅中，加入适量（没过食材）的酒和水（分别约为950毫升）。盖上锅中盖，开火，煮至海芋头和鳕鱼干都变软为止。
3. 依次加入砂糖、浓口酱油、甜料酒。如果煮汁变少，可以加入适量的水进行调整，使整体均匀入味。煮好后，待其自然冷却。
4. 食用时加入少量汤汁，重新加热，使味道更佳。
5. 装盘，将切好的柚子皮丝放上做点缀。

本书是由作者在2016年1月号～2017年12月号的《家庭画报》中连载的《日本之魂、和食之魂》（菊乃井·村田吉弘）基础上集结而成的。

照片　小林庸浩

设计　鹫巢设计事务所
　　　鹫巢隆木高asuyo

校正　天川佳代子

编辑助理　铃木博美

编辑　中泽智子

村田吉弘

生于1951年。日本料理店“菊乃井”的第三代店主。毕业于立命馆大学，大学时期曾赴法国进修法国料理。毕业后开始钻研日本料理，现掌管京都的菊乃井总店、木屋町的露庵菊乃井以及东京的赤坂菊乃井。2018年开设了一家新店——“无碍山房”，专门提供便当和点心等。曾担任日本料理学会理事长等多个要职，致力于将“日本料理”列入联合国教科文组织非物质文化遗产名录。日本料理是日本文化的重要组成部分之一，村田致力于将日本料理向全世界推广，并以传承于后世为使命。2012年荣获“现代名工”“京都府产业功劳者”荣誉称号，2013年荣获“京都府文化功劳奖”，2014年荣获“地域文化功劳者（艺术文化）称号”，2017年荣获“文化厅长官表彰”，2018年荣获“黄绶奖章”。此外，作为医疗机构和学校的聘任讲师，提出“饮食弱者”的问题，竭力谋求解决方案，致力于一系列饮食教育活动。著有《按比例记忆日本料理的基本》（NHK出版）、《京都饭店的品尝之道》（光文社出版）、首本英语著作《怀石料理：京都菊乃井料理店的精致菜肴》（*KAISEKI: The Exquisite Cuisine of Kyoto's Kikunoi Restaurant*）等。

图书在版编目（CIP）数据

和食之魂／（日）村田吉弘著；冯元译．—武汉：华中科技大学出版社，2021.9

ISBN 978-7-5680-7318-9

Ⅰ.①和… Ⅱ.①村… ②冯… Ⅲ.①饮食-文化-日本 Ⅳ.①TS971.203.13

中国版本图书馆CIP数据核字（2021）第150409号

和食之魂
Hochi zhi Hun

［日］村田吉弘　著
冯元　译

出版发行：华中科技大学出版社（中国·武汉）　电话：（027）81321913
北京有书至美文化传媒有限公司　电话：（010）67326910-6023
出 版 人：阮海洪

责任编辑：莽　昱　宋　培
责任监印：赵　月　郑红红　　封面设计：邱　宏

制　　作：北京博逸文化传播有限公司
印　　刷：北京金彩印刷有限公司
开　　本：889mm × 1194mm　1/32
印　　张：6
字　　数：75千字
版　　次：2021年9月第1版第1次印刷
定　　价：69.80元

華中出版